U0243093

“十三五”国家重点出版物出版规划项目
前沿科技普及丛书

小量子
大计算

居琛勇 著

QUANTUM
COMPUTING

中国科学技术大学出版社

内容简介

量子计算是一门新兴的科学，是研究如何利用微观世界小粒子的量子性质来实现远超当前最先进的超级计算机计算能力的科学。进入21世纪以来，越来越多的科学家、政府、科技企业认识到量子计算的重要性，认为它很可能会引领人类社会的新一轮科技革命。

本书用通俗的语言讲述量子计算是什么、能做些什么、有哪些机遇和挑战，希望能帮助广大青少年了解这一前沿科学领域，进而激发起对量子计算的浓厚兴趣。

图书在版编目(CIP)数据

小量子大计算/居琛勇著.—合肥：中国科学技术大学出版社，2020.7
(前沿科技普及丛书)
ISBN 978-7-312-04681-0

Ⅰ.小…　Ⅱ.居…　Ⅲ.量子计算机—青少年读物　Ⅳ.TP385-49

中国版本图书馆CIP数据核字(2019)第073932号

XIAO LIANGZI DA JISUAN

出版	中国科学技术大学出版社 安徽省合肥市金寨路96号，230026 http://press.ustc.edu.cn https://zgkxjsdxcbs.tmall.com	**开本**	710 mm×1000 mm　1/16
		印张	6
		字数	92千
印刷	鹤山雅图仕印刷有限公司	**版次**	2020年7月第1版
发行	中国科学技术大学出版社	**印次**	2020年7月第1次印刷
经销	全国新华书店	**定价**	50.00元

前言 PREFACE

现代科学告诉我们，物质世界由各种各样的微小粒子组成，如原子、电子、光子等。这些粒子如此小，以至于我们无法用肉眼看见它们。

在日常生活中，我们看到、触摸到的物体都是由大量的小粒子以各种方式集合在一起构成的。这些粒子不仅很小，还很“古怪”，“行事风格”与宏观世界的物质特性大相径庭，以至于物理学家们不得不在经典力学之外，专门建立一套量子力学理论来研究它们。它们到底有多怪？咱们先卖个关子。量子力学理论创始人之一的尼尔斯·玻尔说：“谁要是不对量子力学感到困惑，他一定是不懂它！”

小粒子们虽然古怪，但是还是挺有用的。实际上，激光、半导体、核磁共振都跟它们的量子性质有关。如果你以为它们只有这些本领，那你就大错特错了，这些应用仅仅是皮毛而已。最近二十多年来，随着科学技术的进步，科学家借助仪器，不仅可以“看到”小粒子，还能够“摸到”它们，改变它们的行为。这种从被动观察到主动控制的研究手段转变，使得科学家可以挖掘出更多的量子性质来为人类所用，这被称为“第二次量子革命”。

本书介绍了其中的一个主要方向——怎样利用量子的性质来实现比当前最先进的超级计算机还要高级许多的量子计算。

“自古英雄出少年”，青少年虽然年纪小，但不可小视哦！我想大家一定都赞同这句话。所以，我们也一定不能小瞧这些小粒子。接下来，就让我们一起来看看小量子如何实现大计算。

目录 CONTENTS

第1讲　量子科技革命的前夜

（1）2015年3月13日，中国科学技术大学杜江峰研究团队使用钻石量子传感器开启了单分子磁共振之门。

钻石传感器实现对单蛋白质分子信号的检测
(图片由王国燕、梁琰制作)

注 利用量子精密测量的原理，科学家开发出了以钻石作为量子传感器，能够对单个分子进行体检的微观磁共振技术，成功获取了全球首张单个蛋白质分子的顺磁共振谱。

给单个DNA分子做磁共振检查
（图片由王国燕、马燕兵制作）

注 未来，我们还能把单个分子（如单个脱氧核糖核酸（DNA）分子）送进磁共振仪器中进行“体检”，从而实现活细胞单分子层面的病理研究、癌症的初期诊断等量子精准医疗。

（2）2015年10月15日，中国科学技术大学郭光灿院士研究团队成功实现确定性单光子的多模式固态量子存储，创造了100个存储模式的世界最高水平。

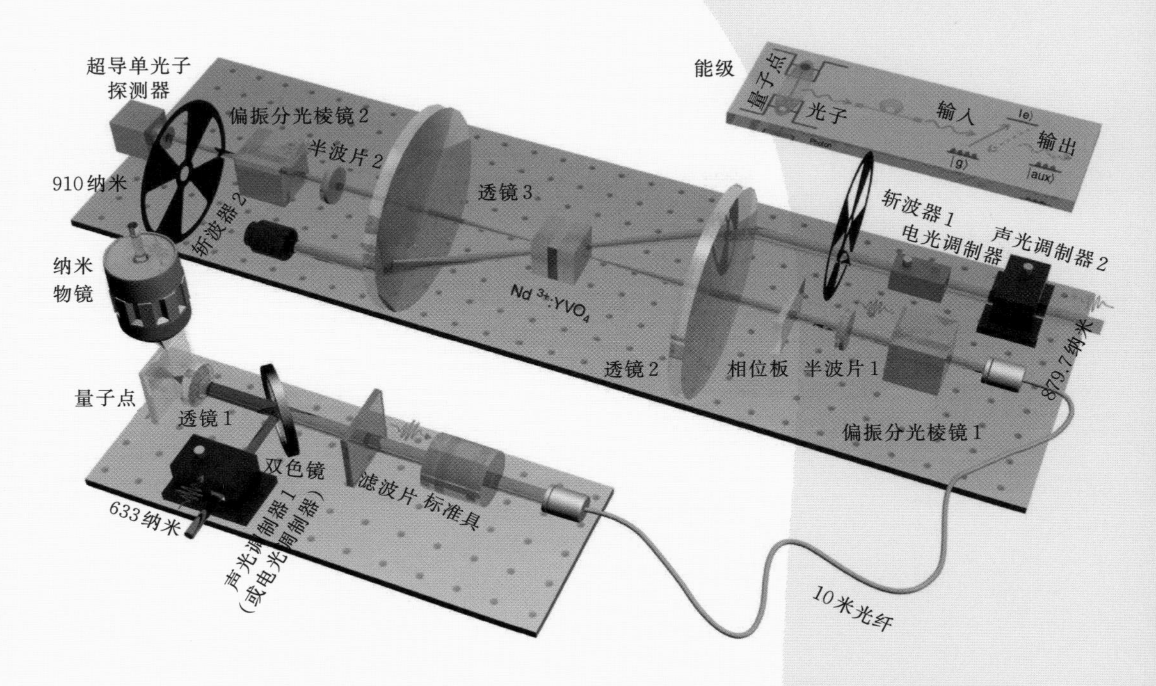

确定性单光子的多模式固态量子存储实验装置
(郭光灿院士团队提供图片)

注 实现多模式固态量子存储,为量子中继和量子U盘的研制奠定了重要基础。

(3) 2016年8月16日,中国科学技术大学潘建伟院士领衔研制的世界上第一颗量子通信卫星在酒泉发射升空,中国量子科学实验卫星——“墨子”号上天了!

“墨子”号卫星的主要应用目标是实现星地量子保密通信,未来为我国构建覆盖全球的天地一体化量子保密通信网络奠定基础。同时,它也承担着对量子纠缠等量子物理的基本问题进行深入研究的任务。量子科学实验卫星的成功研制和发射升空使我国在量子通信领域进一步扩大了世界领先优势,凸显了我国的科技实力。

中国量子科学实验卫星“墨子”号(中国科学院
量子信息与量子科技创新研究院提供图片)

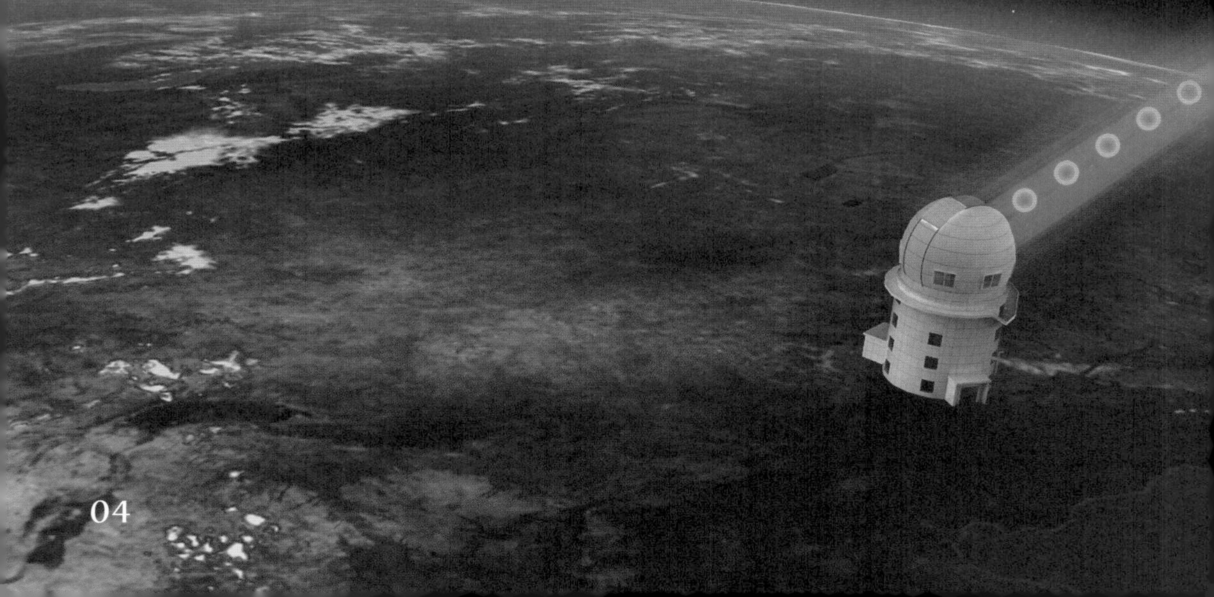

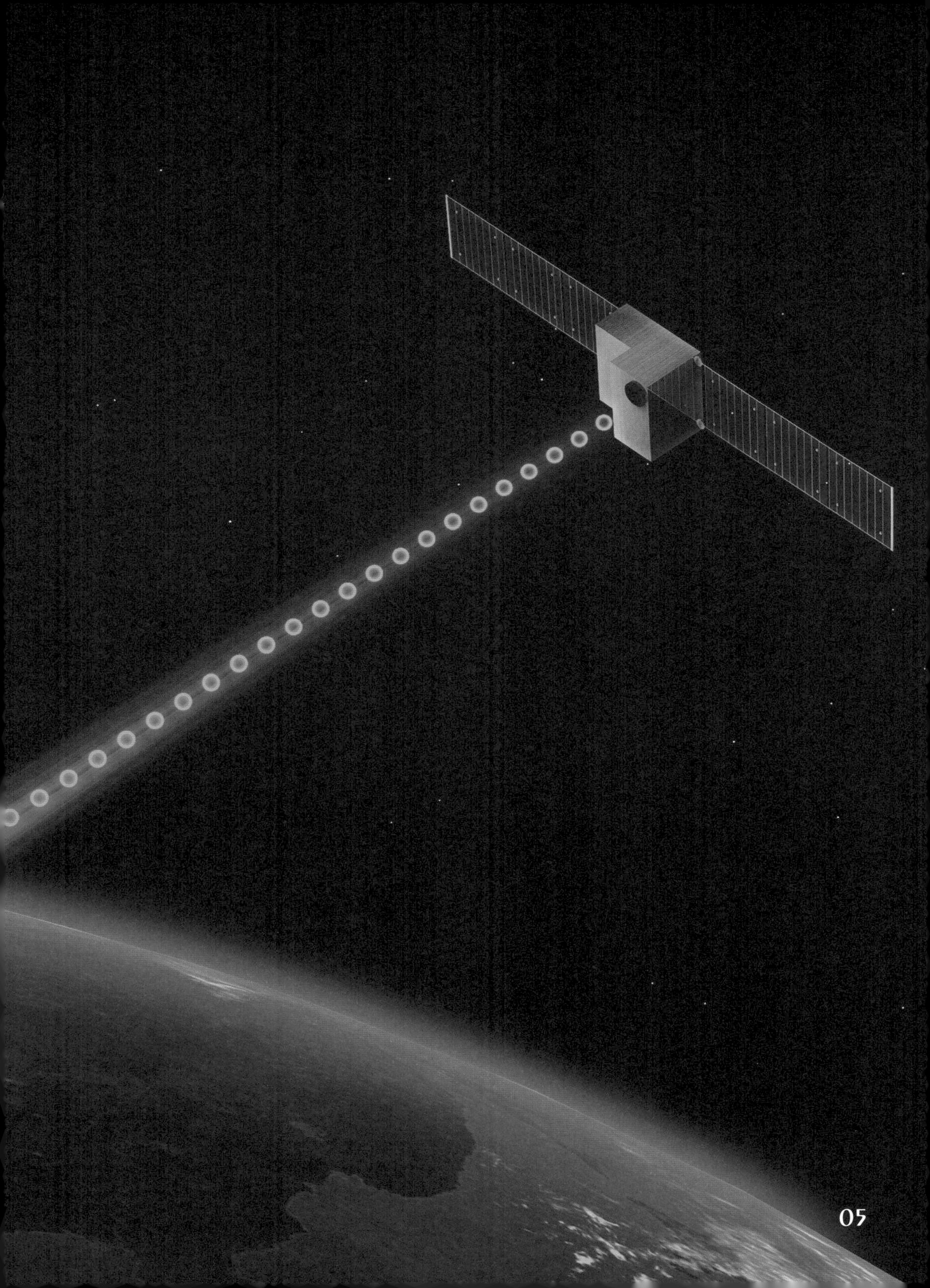

（4）2017年4月28日，杜江峰院士研究团队在小型钻石量子计算机上，首次实现了室温固态系统中的质因数分解量子算法，向建造通用的室温固态量子计算机迈出了重要一步。

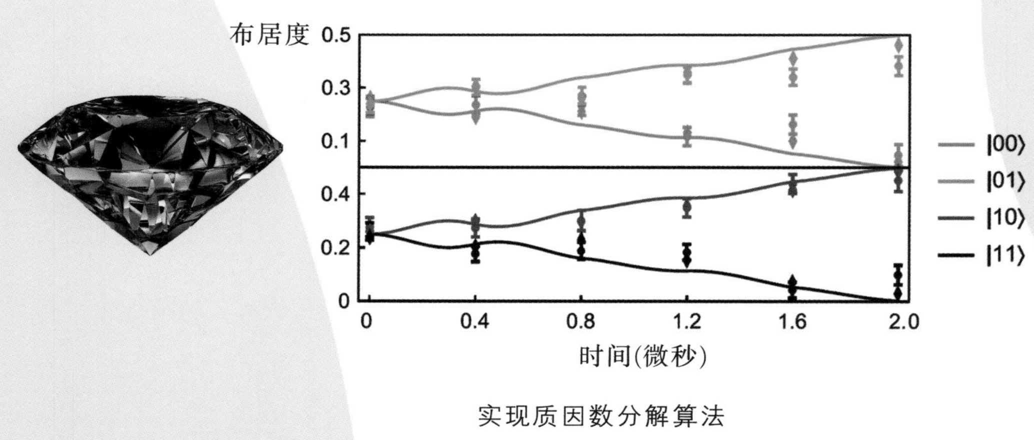

实现质因数分解算法
（杜江峰院士团队提供图片）

（5）2017年5月3日，潘建伟院士研究团队在基于单光子的量子计算机研究方面取得突破性进展，成功地建造出世界首台超越早期经典计算机的光量子计算机。这是能够完成玻色采样任务的小型专用光量子计算机。

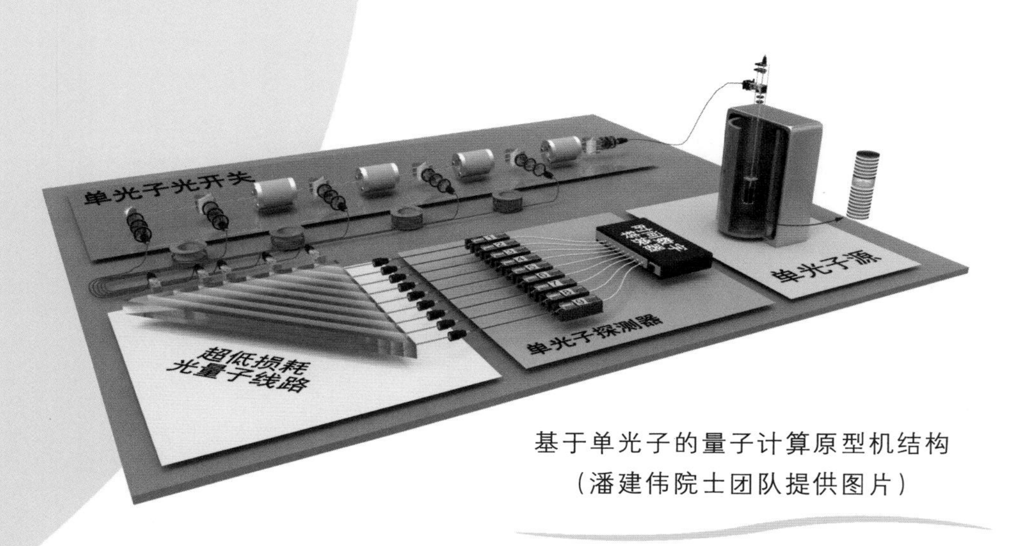

基于单光子的量子计算原型机结构
（潘建伟院士团队提供图片）

(6) 2018年2月15日，郭光灿院士研究团队率先在世界上实现了基于半导体量子芯片的三量子比特托福利(Toffoli)逻辑门。设计制备六量子点半导体芯片，并在实验上实现了三量子比特的托福利门操控，为未来集成化半导体量子芯片的研制奠定了坚实基础。

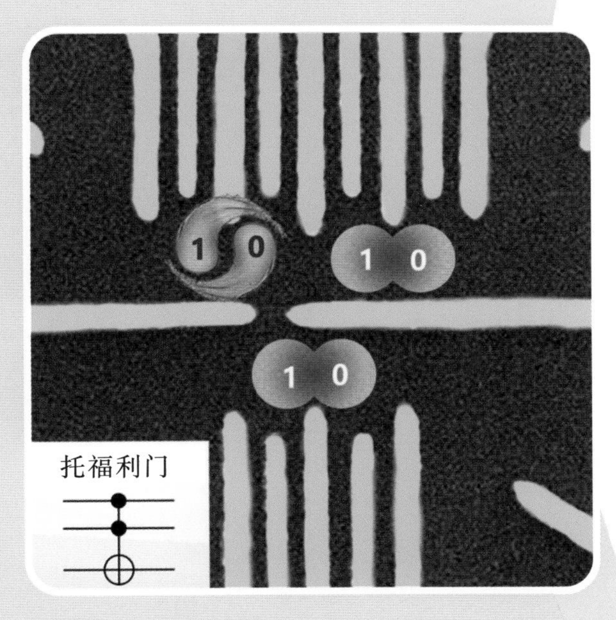

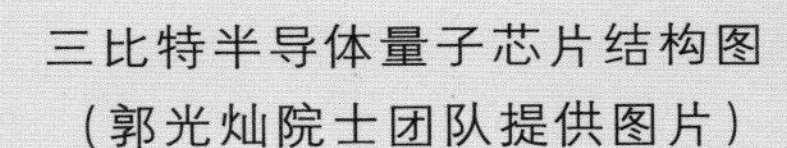
三比特半导体量子芯片结构图
（郭光灿院士团队提供图片）

近年来，一条又一条关于中国量子科技进展的新闻不时地出现在各大媒体的新闻报道中。频频出现的“量子”一词，已然成为最时髦的科学名词。那么大家是否知道，量子是什么？它为什么如此受追捧呢？

量子来源于量子力学——现代物理学中的一门基础科学。请不要小看了基础科学的作用，人类近几百年的科技进步都要归功于基础科学的发展。18世纪，经典力学和热力学的发展促成了蒸汽机的诞生和使用，从此人类社会进入了“蒸汽时代”；19世纪，电磁学和电动力学的发展促成了电的普遍使用，使人类社会进入了“电气时代”；20世纪，电子学和计算科学的发展促成了计算机和因特网的诞生，使人类社会进入了“信息时代”。在21世纪初，科学家预测21世纪极有可能再次出现大的科技革命，而能够引领这次科技革命的正是量子力学。

量子力学描述了组成这个世界的微观粒子的性质和行为。这些微观小粒子具有极不寻常、却十分有用的特性(统称为量子效应)。量子效应完全颠覆了人类对宏观世界的既有认知,即便在量子力学诞生90年后的今天,我们仍不敢声称已经完全了解这门科学。

实际上,量子效应早已应用于人们生活的方方面面。激光、计算机晶体管和大容量磁盘、医学检查用的核磁共振仪器等,其背后的科学原理都源自量子力学理论,它们是人类利用量子效应实现的重要应用。

郭光灿院士(G)

杜江峰院士(D)

然而,这些应用仅仅挖掘了量子宝库的冰山一角。科学家并不满足于简单、被动地利用量子效应,他们雄心勃勃,准备通过定制量子系统来主动调控量子效应,将全部的量子效应潜力转变为量子科技应用。科学家绘制了量子科技的发展蓝图,其中包含拥有无与伦比的计算能力的量子计算技术、实现突破性精准测量的量子精密测量技术和能够确保通信绝对安全的量子通信技术,这每一项技术都将深刻地影响人类的生产、生活,是真正意义上的"黑科技”。

这样的“黑科技”自然在全球范围内引发发展热潮，各国都想成为量子科技的引领者。美国发布了一系列的国家报告，指导本国的量子科技研究，在其2016年7月的一份报告中，将这一领域称为“国家机遇和挑战”。欧盟在2016年5月召开了名为“量子欧洲”的欧盟会议，发布了欧洲量子技术发展蓝图——《量子宣言》，宣告继石墨烯和人类大脑工程之后的欧盟第三大项目正式启动。其他发达国家如日本、英国，乃至商业巨头谷歌公司(Google)、英

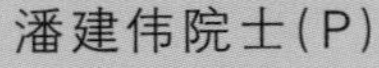

潘建伟院士(P)

量子GDP天团

特尔公司(Intel)、国际商业机器公司(IBM)等也在量子科技的研发上投入了巨资。

值得自豪的是，我国在量子科技领域已经取得了骄人的成绩，并在这场全球较量中占据了领先位置。中国科学技术大学已经成为国际知名的量子科技研究中心，该校拥有量子研究的GDP天团(指郭光灿院士、杜江峰院士、潘建伟院士各自领导的研究团队，G、D、P分别取自三位院士姓氏拼音的首

字母)，近20年来，他们为中国乃至世界的量子科技发展贡献了一项又一项令人惊艳的研究成果。

2007年11月，英国《新科学家》杂志发表了关于中国量子科技研究的专文报道《中国崛起》。杂志封面上标识“创新国度”“人民的量子计算机”等醒目字样，并在文中称：“中国科学技术大学——因而也是整个中国，牢牢地在量子科技的世界地图上占据了一席之地。”这只是众多外媒报道中的一个例子而已，近年来，我国在量子领域的研究成果被国际新闻媒体(如《时代周刊》等)报道早已屡见不鲜。

谁能够在新一轮的科技革命中独占鳌头？中国能否借此弯道超车，一跃成为世界第一的科技强国？要实现这一梦想，还需要志向远大、富有创新精神的青少年加入我们！愿本书能够成为一块垫脚石，帮助大家一窥量子计算的风采。

第2讲　与经典分道扬镳的量子

“量子”这一概念大约诞生在19世纪末20世纪初。此前，人们一度认为物理学已经发展到相当成熟和完美的程度，世界上所有的物理现象似乎都能够被已有的物理学理论（现在被称为经典物理学）完美解答。

在19世纪末，英国物理学家威廉·汤姆森（开尔文男爵）在欧洲著名科学家的新年聚会上发表祝词：“物理学的大厦已经落成，今后的工作只剩下修饰性的小修小补啦！”虽然他也在演讲中提到还有两朵小小的“乌云”看起来不那么和谐，但这并没有影响物理学家们的乐观情绪。

谁会料到，正是这两朵小小的“乌云”最后却引发了物理学上的两场大风暴。

1. 量子登场

汤姆森的物理学感知力其实是相当敏锐的，他提到的两朵“乌云”，分别导致了相对论和量子论的诞生，而它们也正是现代物理学的两大支柱。相对论暂且不提，我们重点说说导致量子论诞生的那朵“乌云”——黑体辐射与紫外灾难。

任何有温度的物体都会向外辐射能量，这叫作热辐射。为了研究物体热辐射与温度的关系，物理学家使用了“黑体”（Black Body）这一理想化的物体。所谓黑体，就是来自外界的任何辐射照到它，都会被它百分之百地吸收，一点也不会反射回去。黑体的“黑”与黑洞的“黑”是一个意思，连光照射到它们身上都回不来。黑体是研究热辐射最为理想的物体，因为不会有任何反射的能量来干扰实验结果。

实验物理学家找到了接近于黑体的真实物体，并在19世纪末测定了黑体的热辐射谱。可是，经典物理学却无法从理论上对这个实验结果进行解释。科学家想了很多办法，给出了各种公式，却总是会在这里或者那里出点错。物理学理论是以实验为基础的，并将实验作为检验理论正确与否的唯一标准。

为了解释黑体辐射的实验结果，德国物理学家马克思·普朗克大胆地抛弃了能量连续化的限定，引入了“能量量子”的概念，即黑体辐射的能量是不可以无限细分的，而是存在一个最小的份额——能量量子。由此，他推导出了著名的普朗克公式，完美地解释了黑体辐射的实验结果。

让我们打一个比方来直观地说明一下什么是能量量子化。日常生活中，有一些台灯是通过旋钮来调节亮度的。当旋转旋钮时，我们会感受到光的亮度似乎是连续变化的，在一定范围内我们想要什么亮度都可以实现。但能量量子化假说却认为，台灯亮度是一级一级往上跳变的，不是任意亮度都可以实现的。这个亮度跳变的最小能量数量，就是一个能量量子。当然，由于普通台灯的控制旋钮和人的眼睛都达不到区分这种跳变的灵敏度，所以我们看不到这种现象。

普朗克的能量量子化假说给予同时期的物理学家很大的启示。在他之后，爱因斯坦（20世纪最伟大的科学家，相对论的创立者）提出了光量子假说，成功地解释了光电效应的实验现象；尼尔斯·玻尔（量子力学哥本哈根学派的精神领袖）提出了定态跃迁假设，成功地解释了实验中测得的氢原子光谱结构。

物理量是不连续的，是离散的，并具有最小的单位——量子。“量子”这一概念对于当时将连续性原理奉为信条的主流学术圈来说，绝对是“离经叛道”。

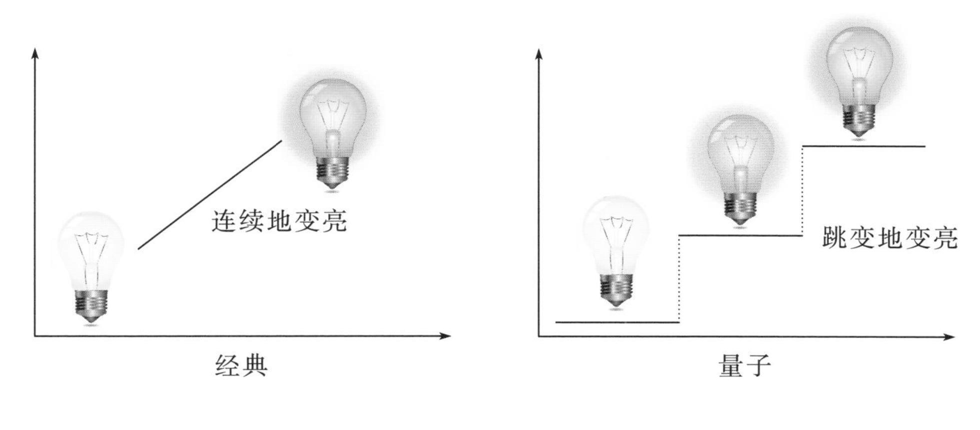

台灯亮度的改变

2. 量子力学的建立:年轻天才们的贡献

年轻人更容易接受新鲜事物。量子这一先进的物理学思想激发了青年科学家的灵感,一批才华横溢的物理学天才横空出世,并在短短几年内,迅速地把量子力学理论(对量子的性质和运动进行严密数学化描述的理论)建立了起来。

(1) 路易·德布罗意(1892—1987):1923年提出物质波理论,将物质的波动性和粒子性统一在一个方程式中。1929年获得诺贝尔物理学奖。

(2) 沃纳·海森堡(1901—1976):1925年建立矩阵力学形式的量子力学,它是量子力学理论的第一种数学形式。1932年获得诺贝尔物理学奖。

(3) 埃尔温·薛定谔(1887—1961):1926年建立波动力学形式的量子力学,它是量子力学理论的第二种数学形式。1933年获得诺贝尔物理学奖。

(4) 保罗·狄拉克(1902—1984):1926年提出表象变换理论,将海森堡的矩阵力学和薛定谔的波动力学统一在一起,终结了量子力学理论的数学形式之争。1933年获得诺贝尔物理学奖。

1927年第五届索尔维会议参会者

注 第三排(左起):皮卡尔德、亨利厄特、埃伦费斯特、赫尔岑、顿德尔、薛定谔、费尔夏费尔德、泡利、海森堡、福勒、布里渊

第二排:德拜、努森、布拉格、克莱默、狄拉克、康普顿、德布罗意、波恩、玻尔

第一排:朗缪尔、普朗克、居里夫人、洛伦兹、爱因斯坦、朗之万、古伊、威尔逊、理查森

当然，成功不是天上掉下来的馅饼。如果不付出努力，就无法实现成功！普朗克的两张照片在网络上很火，并配文“学物理的不是没有高富帅，只是学完之后就看不出来了”。也许，当物理学家懂得了物理之美后，已经领悟了世间“大道”，颜值对他们来说不过是浮云而已！

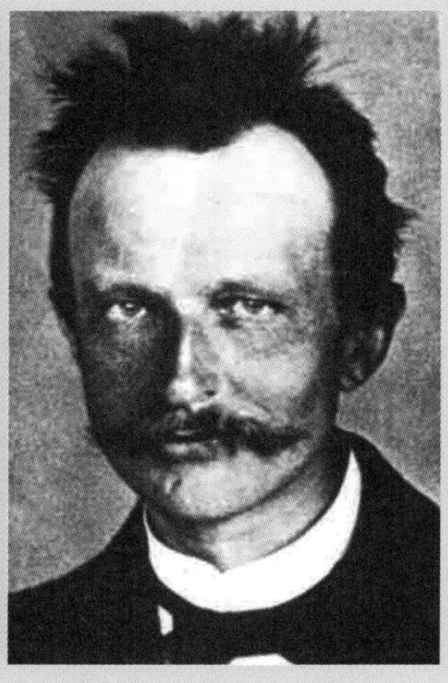

马克思·普朗克

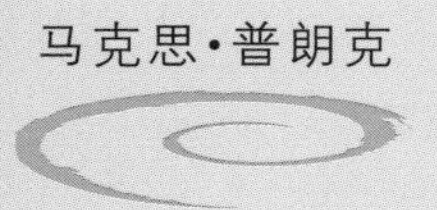

3. 量子是什么

量子不是指组成物质的某种基本粒子（如电子、质子、中子），而是指一种物理现象。如果一个物理量不可连续分割且具有最小的单元，那么便认为此物理量是量子化的，此物理量的最小单元便被称为量子。例如，黑体辐射的能量存在不可分割的最小单元，我们就说辐射能量是量子化的，其最小单元被称为能量量子。

迄今为止，科学家发现量子化的现象普遍存在于微观世界中。什么是微观世界呢？如果进行一次不是十分严谨的区分的话，毫米尺度以上的物质组成了宏观世界；纳米尺度以下的物质组成了微观世界；介于两者之间的是介观世界。我们能够看得见、摸得着的物体都属于宏观世界，从日月星辰到一根头发丝，在宏观世界里，物体的运动规律可以用经典物理学来很好地描述。微观世界里有些什么呢？我们平时耳熟能详的原子、分子以及构成原子的电子、质子、中子等，这些微小的粒子就是微观世界的居民。这些小粒子的行为需要用量子力学来描述，经典物理学已不再适用了。就目前的情况来看，经典物理学是宏观世界的运行法则，而量子力学是微观世界的运行法则。为了让大家有一个初步的概念，这里首先介绍两个后面会提及的量子——光子和自旋。

（1）光子（光的量子）是光能量的最小单元。在日常生活的任意一片光明中，都蕴含着数量极其巨大的光子。例如，功率40瓦的普通白炽灯，每秒发出的光子数量大约在1亿亿（10^{16}）个。人类的眼睛还没有灵敏到足以捕捉光子的程度，所以感受不到光子的存在。不过科学家发明了可以只发射出1个光子的光源和能够观测单个光子的探测器。在台灯亮度跳变的假想实验中，亮度会跳变的根本原因是光的亮度正比于台灯发射的光子数目。例如，1个光子的亮度、2个光子的亮度、3个光子的亮度……呈阶梯式上升，但不会出现小数级（如半个）的光子亮度，因为光子是光能量的最小单元，没有办法继续分割。

需要特别说明的是，光子不仅是光能量的最小单元，它本身也是组成物质的一个基本粒子，这是光子的特殊之处。

（2）自旋是微观粒子天生具有的一种角动量属性（内禀角动量）。在经典物理学中，角动量与物体绕圈运动有关，体现出物体做绕圈运动的激烈程度。为了直观地说明自旋的含义，科学家常常这样解释：把微观粒子看作一个小球，小球正在绕着自己的中心轴转圈（自转），这一自转运动就可以比喻

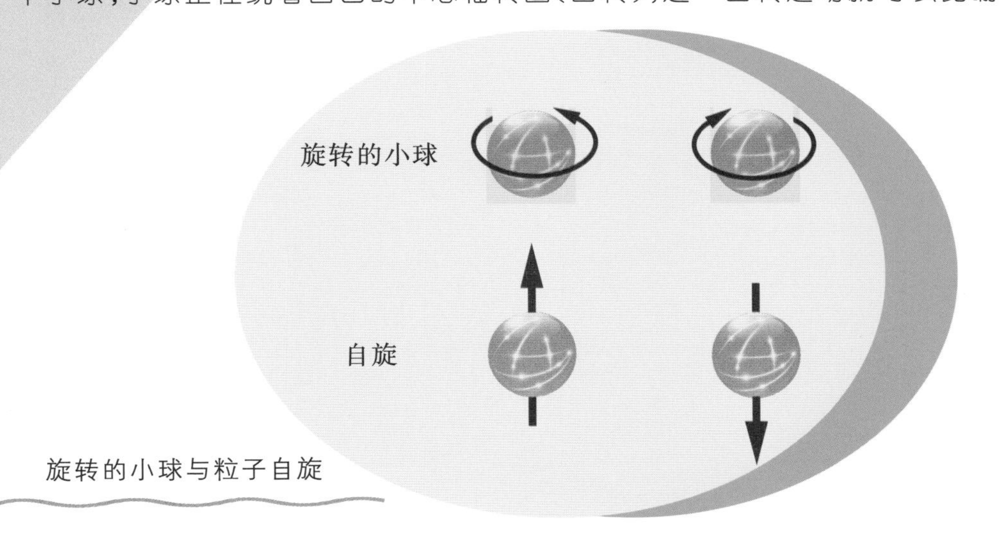

旋转的小球与粒子自旋

成自旋。小球转得快，表明自旋角动量大；转得慢，表明自旋角动量小。此外，小球既可以顺时针旋转，也可以逆时针旋转，分别代表自旋角动量的方向向下或者向上（角动量是一种矢量，既有大小，也有方向。伸出你的右手，四指的方向是速度改变的方向，大拇指的指向就是角动量的方向）。

对于小球来说，它的自旋速度（或角动量）是连续变化的。但微观粒子的自旋大小的变化并不连续，其改变只能以一个固定的最小单元进行加减，因此是量子化的。上述以小球所作的比喻虽然直观，但并不准确。实际上，微观粒子并不在自转，也没有明确的外形轮廓。自旋是一种微观粒子与生俱来的属性，并不是自转运动带来的。

自从1922年著名的斯特恩-盖拉赫实验首次发现自旋以来，科学家发明了磁共振的方法来操纵粒子的自旋，并将其应用于生物、医学、化学等多个领域，取得了非凡的成就，与之相关的科学发现已六次荣获诺贝尔奖。从医院的核磁共振检查到电脑中使用的大容量硬盘，自旋都发挥了重要作用。自旋与我们的日常生活息息相关。

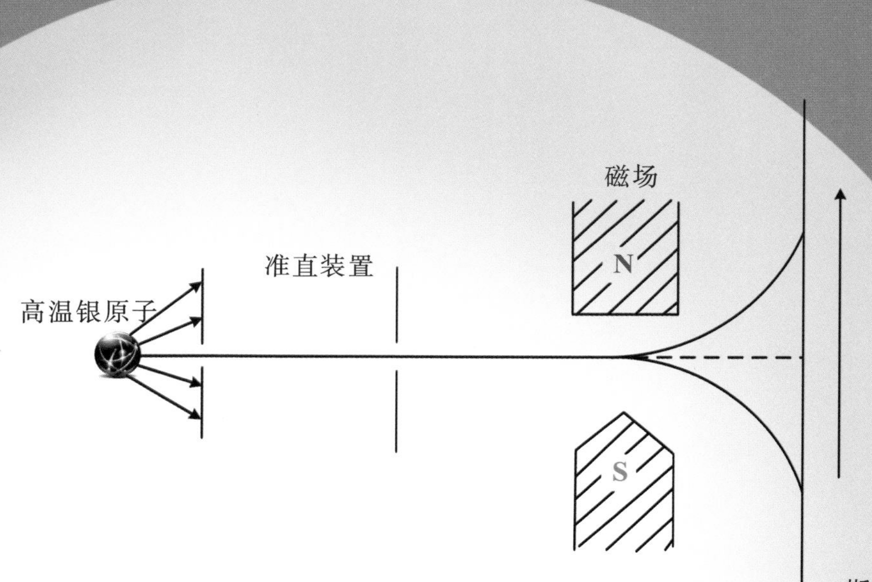

斯特恩-盖拉赫实验

我国第一台脉冲式电子顺磁共振谱仪
（杜江峰院士团队提供图片）

能够探测和操控单个自旋的多波段脉冲单自旋磁共振谱仪
（杜江峰院士团队提供图片）

4. 量子的神奇特性

如果你觉得量子只是物理量的离散化，不能连续变化，那可就小瞧量子了。量子最为人津津乐道的，便是它有非常神奇的特性，让人捉摸不透！

(1) 量子特性第一条(量子态叠加)：微观粒子可以同时处在两个以上的地方

同一时刻，如果让你既在家里又在学校，你能办

最著名的量子叠加态：薛定谔的猫

到吗？当然不能，除非你会分身术！不可思议的是，微观粒子就拥有这样的本领。微观粒子的这一特性被称为量子态叠加。事实上，微观粒子不止位置这一种量子态叠加，它的各种量子属性都有这样的特性。例如，微观粒子的自旋可以既向上又向下，好比小球

在顺时针旋转的同时又在逆时针旋转。请一定相信我，我不是在瞎说，量子真的就是这么神奇！

“薛定谔的猫”是埃尔温·薛定谔于1935年提出的一个理想实验：在一个密闭的盒子里，有一只猫和一个毒气装置，毒气装置的开关由一个放射性原子来控制。如果原子发生衰变，将会触发锤子落下并砸碎毒气瓶，导致猫吸入毒气死亡；如果原子没有衰变，则猫能侥幸活着。由于放射性原子是微观粒子，它能够处于衰变和没衰变这两种量子态的叠加态（既衰变又没有衰变）。因此，盒子里的猫也处于死和生的量子叠加态。也就是说，在盒子没有被打开之前，这只可怜的猫是亦生亦死的！这一理想实验代表性地反映了人们对量子奇异特性的困惑，特别是在那个尚无法通过实验验证的年代。

随着物理实验技术的进步，现在的科学家已经通过实验验证了量子叠加态的存在，并且一直积极努力地要验证真正的“薛定谔的猫”。当然，科学家还是心善的，不会真的用活猫去做实验，而是想要制备出和猫大小相当的宏观物体的量子叠加态。

(2) 量子特性第二条（量子测量）：微观粒子不会被你看到它同时出现在两个地方

如果你去看微观粒子的自旋是向上还是向下，那么微观粒子一定不会让你看见它既向上又向下。不仅是方向、位置，其他量子态也是如此。相比第一条特性，第二条特性的关键在于有人在“看”，也就是对粒子的状态进行测量。第二条是量子测量的特性。

当你试图去看微观粒子在哪里的时候，就是对微观粒子的位置进行一次测量。根据量子测量的特性，此时的粒子会瞬间决定自己要出现在哪一处，而不会同时出现在两个地方。如同你的父母想要看你现在是在家还是在学校，你和你的分身一定只会保留一个：要么你在家里，你在学校的分身消失了；要么你在学校，你在家里的分身消失了。总之，你的父母不会同时看到你和你的分身。

那么，粒子到底是怎么决定它应该出现在哪个地方的呢？完全随机！好比它掷了个骰子，点数大的话就在 A 地出现，点数小的话就在 B 地出现，看起来相当随性。如果你觉得这么做太不靠谱了，那么恭喜你，你和爱因斯坦想的一样，爱因斯坦也是这么想的！爱因斯坦终其一生都对量子测量所表现出的随机性持怀疑态度。然而，到目前为止所有的科学实验都支持这种随机性。量子测量除了有随机性外，还具有破坏性。测量前微观粒子同时处在两地的状态，这种状态会在量子测量时被破坏，测量过后它就只能出现在一个确定的地方，便不再是测量

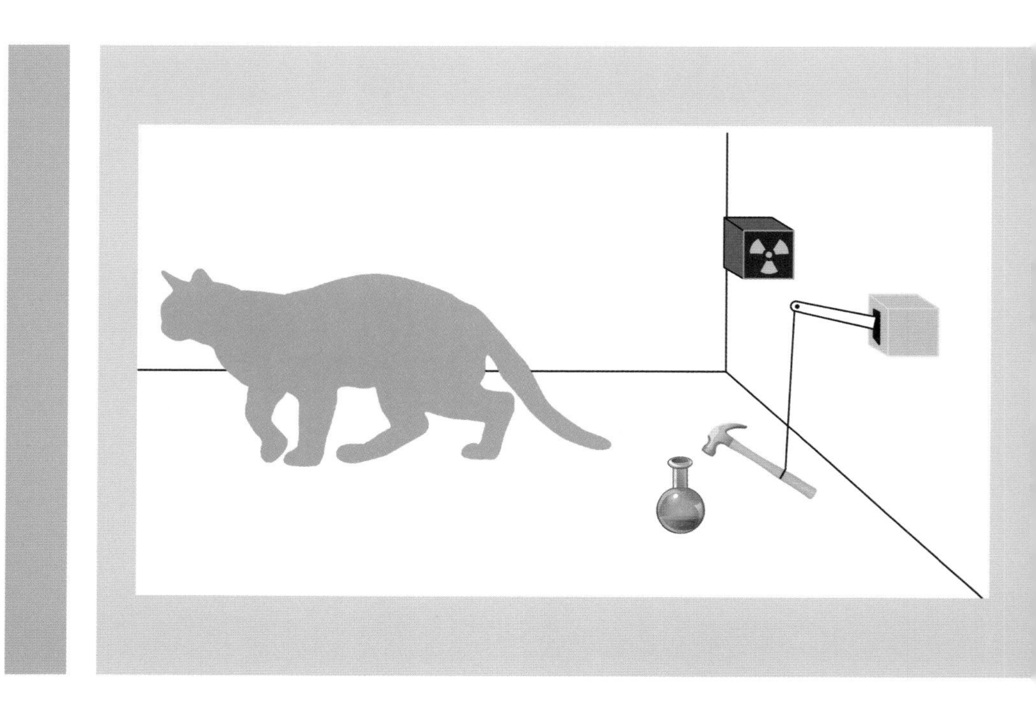

前的那个状态了。

也许有读者会问：既然每次看时，都只能看到微观粒子出现在一个地方，那怎么知道它之前是同时处在两个地方的呢？这是因为我们可以对微观粒子测量前的状态进行重复的制备，然后不断地测量它，实验结果显示微观粒子这次出现在 A 地，下次出现在 B 地，经过大量重复之后，微观粒子出现在 A 地和 B 地的概率分布就有了一个统计结果。据此，我们可以从理论上推

断微观粒子在测量前同时处在两个地方的量子叠加态。另外,量子态叠加理论也不断地被实验所证实,即它是正确的。这就是物理学研究的基本方法:根据实验创建理论,再到实验中去验证理论。

(3) 量子特性第三条(量子纠缠):微观粒子之间可以有“心灵感应”,无论相隔多远

前两条特性都是关于单个微观粒子的,而这一条是存在于多个微观粒子之间的特性。多个微观粒子的量子状态可以处在一种“你中有我,我中有你”的量子纠缠态。此时它们即使天各一方,这种纠缠也会一直存在,并表

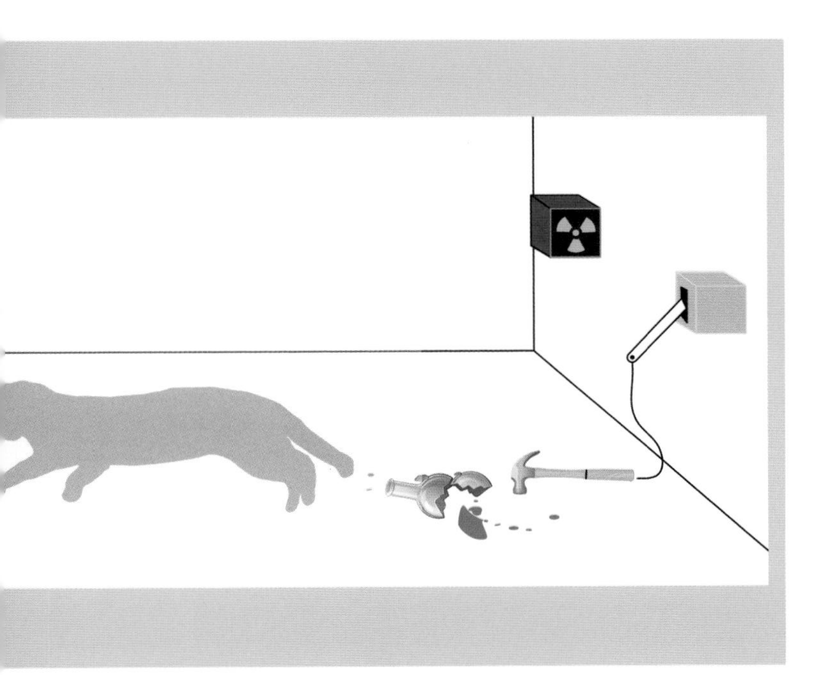

量子测量定猫的生死

注 “打开盒子看猫”是一种观测行为,起到量子测量的作用。在这一瞬间,“薛定谔的猫”会随机塌缩到生的状态或者死的状态,然后呈现在我们面前。观测行为(量子测量)为猫的生死一锤定音。

现出瞬时的互动。例如,假设我们把A、B两个粒子的自旋量子态纠缠到一起,使它们处于一种整体的量子叠加态,叠加的两个量子态分别是两个粒子都自旋向上和自旋向下。接下来,我们把A、B两个粒子拆散,将A粒子放在中国,将B粒子放到美国,不给它们提供任何的联系手段。然后,我们对A粒子的自旋方向进行测量。如果A粒子的测量结果给出它是自旋向上的,则

会发现B粒子也变为自旋向上;如果A粒子自旋测量结果是向下的,那么B粒子也变为自旋向下。其中的神奇之处在于,B粒子虽然不知道A粒子的测量结果,却总是能够正确地做出相应的改变。科学家把这种微观粒子间表现出的高度协同性称为量子纠缠。

目前,这种"遥远地点之间的诡异互动(爱因斯坦语)"仍处在不断的研究中,科学家希望弄清楚粒子们是如何做到的。也许你会问,是不是微观粒子之间有比电话和微信更好的联络方式,而我们不知道呢?

根据爱因斯坦相对论的基本原理,宇宙间信息传递的最快速度只能是光速。因此,科学家设计了一个精巧的实验,把两个微观粒子分开得非常远,并且把对它们的测量时间间隔尽可能地缩小,使得微观粒子之间即使以光速来传递信息也来不及,借此来排除它们"作弊"的可能性。然而到目前为止,所有的实验结果都表明,微观粒子之间不需要互通信息,就能够在不知道对方发生了什么的情况下自动做出一致性的反应。

这种情况,有点像我们日常听说的同卵双胞胎之间的心灵感应:双胞胎中的一方如果发生了一些特别的事情,另一方明明不知情也会有一些异样的感知。我们是否可以大胆地想象一下,双胞胎之间会不会也有某种已经建立起来的量子纠缠呢?毕竟他们是由同一颗卵子发育而成的。这一谜题的答案还有待于科学家进一步地深入探索。

5. 量子的未解之谜

量子的种种神奇特性,给人类的既有认知带来了颠覆性的改变。似乎一夜之间,我们原本熟知的世界又一下子变得陌生了。以思辨和哲学思考著称的伟大物理学家爱因斯坦,也深深地被量子理论蕴含的深意所困扰,并终其一生也未能寻求到令他满意的答案。这里介绍几个有关量子的未解之谜。

猫和放射性原子的量子纠缠

注 在没打开盒子看之前，薛定谔的猫和放射性原子处在量子纠缠态上：活着的猫与没衰变的原子是一种整体量子态，死亡的猫与衰变的原子是另一种整体量子态，这两种量子态处于叠加态上。一旦打开盒子看，两者就会步调一致地选择其中一种整体量子态：要么是原子衰变猫死亡，要么是原子没衰变猫活着。

(1) 世界是靠掷骰子来运行的?

量子测量的结果具有随机性。微观粒子的位置、自旋以及其他量子属性，对其的观测会出现什么样的结果事前都无法预知(除非观测之前该属性不处在量子叠加态上)。考虑到整个宇宙都是由微观粒子组成的，量子测量不确定性的引申含义就有点微妙了：既然每一个微观粒子的行为都是不确定的，那是否意味着宇宙接下来如何发展也是不确定的？太阳是不是每天都靠掷骰子来决定今天要不要升起？爱因斯坦因为无法接受这样"不靠谱"的世界，说了一句名言："上帝是不掷骰子的！"

一些科学家提出了隐变量的理论以试图避开这个问题。该理论认为实际上还存在着人类暂时无法获知的一些隐藏变量，它们在控制着量子测量结果的最终表现。一旦人类了解了这些隐变量，微观粒子的行为就不再是随机的了，将回归到经典物理学所表现出的确定性。但直到目前为止，最新的科学实验都无法支持这种理论。

此外，还有一些科学家提出了平行宇宙的理论以处理量子的不确定性。这一理论认为，量子测量会造成宇宙的分裂。例如，一个微观粒子在测量前处在同时存在于两地的状态。那么在测量的瞬间，我们的宇宙分裂为两个，在一个宇宙中粒子出现在A地，在另一个宇宙中粒子出现在B地。两个宇宙共存，平行地演化下去，身处其中一个宇宙的人类可能无法感知到另一个宇宙的存在。这一理论避开了量子测量的随机性，但是其本身仍有瑕疵：如果每一个粒子观测事件都会造成宇宙的分裂，那么从宇宙诞生以来就会形成难以估量的平行宇宙数目，并且还会继续爆炸式地增长下去。那么这么多的宇宙存在于哪里？会不会太拥挤了？

不过，平行宇宙的理论早已被多部电影使用过。例如，在漫威漫画公司的"超级英雄"系列电影中，如果你发现某个英雄死后复生，请不要惊讶，因为这个英雄只是在一个平行宇宙中死了，在另一个平行宇宙中他还生龙活虎地活着！

（2）月亮在没人看它的时候存在吗？

经典物理学和一般的哲学理论告诉我们，这个世界是客观存在的。所谓客观，就是事物本来就存在，与你看不看它没有关系。但是在微观世界中，微观粒子的状态与量子测量密不可分，它可能之前不是这个样子的，只是由于你去测量了它，它才随机地表现出测量后的状态。换句话说，微观世界是什么样子的取决于你怎么去看（观测）它。那么问题来了，由于世界是由微观粒子组成的，那么我们现在感知的这个世界是不是也取决于我们怎么去看它呢？我们现在看到的世界是否本来就是这样，还是因为我们去看它才偶然展现出现在的样貌呢？爱因斯坦对此很不满意，反问他的助手："月亮在没人看它的时候存在吗？"

量子力学认为：观测的时候无法排除观测主体的作用，观测的主体和被观测的客体存在着相互作用、相互交融的关系。量子力学的奠基人玻尔指出："中国古代哲学早就提醒我们，在'存在'的这出伟大戏剧中，我们既是演员又是观众。"

（3）宏观世界为什么不像微观世界这么光怪陆离？

宏观世界是由微观粒子组成的，那么为什么微观粒子这么多离奇的量子行为并没有在我们的生活中出现呢？我们为什么不能像微观粒子一样同时处在两个地方？似乎有某种机制割裂了宏观世界与微观世界，到底是什么机制阻止了微观世界的运行规律出现在宏观世界中？

玻尔对此提出了对应原理，指出在大量子数极限下（可以认为是粒子数很多的意思），量子理论的结果应当趋近于经典物理学的结果。但是，多少粒子才算是足够多？量子世界与经典世界的边界在哪里？连接两者的桥梁是什么？目前这些都是未知数。量子研究中科学家也一直在努力，试图制造出具备量子特性的宏观物体，这被称为宏观量子现象（"薛定谔的猫"就是一种假想的宏观量子现象）。这项研究必然会对解答上述问题起到关键的作用。

关于量子的谜题远不止这些，如量子纠缠中的粒子如何在时空隔离的情况下做到心灵感应般的互动等，众多的谜题有待人类去解答。

诺贝尔物理学奖奖章

关于量子的研究，早已经深入到“怎么认识这个世界”这一最根本的问题了。物理学研究的最初目的，就是想了解宇宙乃至生命的本源。现在看来，人类还有漫长的路要走。这不禁让人联想起诺贝尔物理学奖的奖章图案，它的设计富含深意：奖章正面是奖项设立者、瑞典化学家诺贝尔的肖像；背面是一幅意蕴深长的艺术图，象征着科学的女神正在轻轻地揭开自然女神的面纱，让人一窥其美丽的面容。无疑，科学正引领着人类文明不断前行。

第3讲　计算与量子的邂逅

量子是怎么跟计算扯上关系的呢？这还得先从计算说起。

1. 计算简史

计算，就是计数和运算，是人类日常生活中最常见的活动之一。例如，当有人问你有几个心爱的玩具时，你得数一数，这就是计数。过段时间，父母又给你买了新的玩具，你把新玩具的数目和旧玩具的数目累加一下，这就是运算。

(1) 掰手指头、结绳计数和算盘

大多数人都是从掰手指头开始接触计算，手指算得上是“最便携”的计算工具了。一双手有10根手指头，可以实现10以内的计数和加减。据说这也是人类天然地喜欢十进制数字表示方式的原因之一。

由于10根手指头不足以满足生活中的计算需求，因此，人们不得不使用其他的物品来计数和运算。例如，原始社会中人们常用石块、贝壳来计数；后来为了轻便一些，发展为以在长绳上打结的方式来计数，几个结代表几个数，叫作结绳计数；再后来，人们开始利用木、竹、骨制成的小棒来计数，这些小棒称作算筹。这类计算工具的巅峰之作就是算盘。通过串起来的小珠子，配合熟稔的口诀和指法，可以轻松地完成普通的加减乘除运算。

(2) 机械计算工具

第一类计算工具显然不够智能和自动化。如果只要把运算的初始数据输入进去，不用管中间的过程，就能得到计算结果，那就理想了。

奔着这个目标，人们发明了一系列的机械计算工具。例如，伽利略发明的比例规，甘特发明的计算尺，以及差分机、解析机和使用穿孔卡片的机械计算机等，这类计算工具的共同特点是使用了机械化的装置，一定程度上实现了自动计算功能。

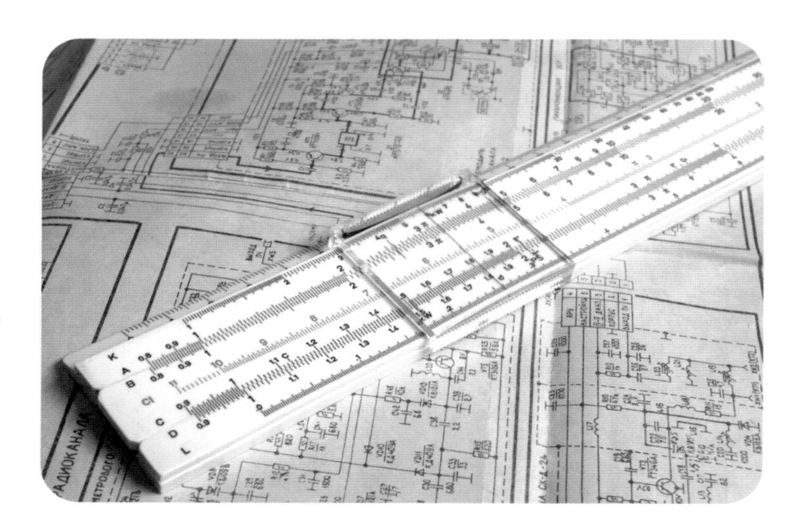
计算尺

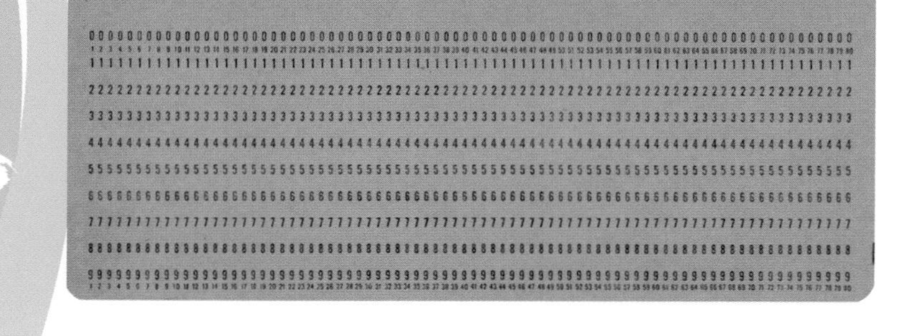
机械计算机使用的穿孔卡片

(3) 电子计算机

第二类计算工具的不足之处是计算能力不够强大,即算得慢。

1946年,世界上第一台数字电子计算机ENIAC问世。它由真空管组成,占地170多平方米,重约30吨。ENIAC作为当时最先进的计算工具,计算速度是人工计算的20万倍,被称为第一代电子计算机。

1956年,晶体管电子计算机诞生了,它是第二代电子计算机。它在体型上有了显著改进,只需要几个大一点的柜子便可容纳,运算速度也大大地提高了。

1959年,第三代集成电路计算机问世。

1976年,电子计算机进入第四代。大规模集成电路和超大规模集成电路的发明,使电子计算机不断地向着小型化、低功耗、智能化、系统化的方向更新换代。

1981年,IBM推出了第一台个人电子计算机,电子计算机开始进入普通家庭。

第一台数字电子计算机ENIAC

无论计算机或者计算工具如何发展演变，其核心目标一定是提升计算能力。在日常玩游戏、看电影、视频聊天时，所使用的电脑的计算能力越强，完成这些任务就会越轻松。而在前沿科学的研究中，大到恒星的演变、小到夸克中的基本相互作用，科学家都可以用计算机进行模拟。因此，世界各国对于超级计算机的研发非常重视，甚至将其作为一个国家科技发展水平和综合国力的重要标志。值得自豪的是，在2019年11月19日公布的新一期全球超级计算机500强排名中，中国的“神威·太湖之光”和“天河二号”两台超级计算机分列第三和第四位，我国的超级计算机享誉世界。

神威·太湖之光

2. 摩尔定律和发展瓶颈

超大规模的集成电路把大量的电子元件非常紧密地集成在一起，电子元件越多，计算机的计算性能就越强大。半个多世纪以来，计算机性能飞速提升，这一现象可以用著名的摩尔定律来描述。1965年，Intel公司的创始人之一戈登·摩尔提出：集成电路上可容纳的电子元件数目每隔18～24个月便会增加一倍，性能也将提升一倍。

摩尔定律已经辉煌了50余年，可是它会一直正确下去吗？随着微电子线路尺寸的不断下降，总有一天它会进入一个全新的区域。这时经典物理描述失效，必须使用量子力学理论进行描述。在这样的尺度里，如何实现计算机的可持续发展？

此外，计算机的散热问题逐渐显现。当前采用的布尔逻辑决定了每一步逻辑操作都有一定的热耗散，晶体管集成度越来越高，散热问题也越来越凸显，以致严重制约了微处理器的进一步发展。

戈登·摩尔

采用可逆逻辑可以把单位操作的能耗降得更低。有趣的是,以量子力学演化方式进行的逻辑操作正是可逆的。上述的尺寸效应和能耗问题不约而同地将人类的目光引向了同一处:研发以量子力学原理为基础的新型计算机——量子计算机。

3. 量子计算的由来

早在20世纪80年代,科学家就已经在考虑怎么用量子规律来实现计算。出发点是因为好奇,他们想弄明白这个世界的底层规律——量子,跟计算放在一起会产生什么样的火花。

1980年,贝尼奥夫(P. Benioff)讨论了如何在一个量子系统中实现经典计算,开始把量子和计算联结起来。1982年,费恩曼(R. P. Feynman)考虑了相反的问题,即经典计算机能用来有效地模拟量子系统吗?他发现,为了描述量子系统的相干叠加、量子纠缠及其演变,经典计算机需要额外的计算资源和运算时间。随着所要模拟的量子系统中微观粒子数的增加,经典计算机所需的资源和时间呈指数级爆炸增长,最终变成不可能完成的任务。

于是,费恩曼转换了思路。既然经典计算机不行,换用一个可以被操控的量子系统(量子计算机的初步概念)去模拟想要模拟的量子系统不就可以了吗?因为大家都是量子系统,特性都是一样的,就不需要额外的资源去模拟了。最后费恩曼得出结论:原理上这是可行的,值得一试!

1985年,多伊奇(D. Deutsch)沿着费恩曼的设想,提出了明确的量子计算机概念。1992年,他和约扎(R. Jozsa)设计出了第一个只有在量子计算机上才能完成的算法——DJ算法,用严格的数学语言证明了量子计算的优势。不过,该算法的实用性并不太强,所以人们对此反应平淡。

真正激发起人们研究热情的是1994年舒尔(P. Shor)提出的质因数分解量子算法——舒尔算法。这一算法证明了量子计算机可以非常轻松地破解大家现在使用的银行密码、军事通信密码,全世界都被震惊了!人们意识到量子计算机将是一个强大的革命性工具,既会对现有的各种系统造成

理查德·费恩曼

注 物理学家、诺贝尔物理学奖获得者,业余但水平还不赖的邦戈鼓手、画家、开保险箱专家,以科学顽童的风格著称于物理学界。他的题为“用计算机模拟物理”的演讲被认为是量子计算思想的诞生之源。

强力冲击,也能够帮助人们实现更多可望而不可即的梦想。

1997年,格罗弗(L. K. Grover)提出了号称“能够在大海里捞针”的数据库搜索量子算法——格罗弗算法,这是量子计算机一项实用性很强的应用。

量子计算机并不只是为了解决经典集成电路进一步缩小带来的量子效应或者散热问题,作为一种底层原理完全不同的新型计算机,它能够做到经典计算机做不到的事情。受其吸引,世界各国都想率先研制出量子计算机。在投入大量的研究经费和人力之后,量子计算的研究有了蓬勃的发展,不再止步于理论上的探讨,而是在各种实验量子系统中展开了实际研制。目前,在自旋、超导、离子阱等系统中都实现了量子计算机的基本单元和功能。不过,量子计算机的最终建造方案还没有确定。这一领域充满了无限的机遇和挑战。

4. 量子计算的独特优势

量子计算强大能力的根源在哪里？从它处理信息的基本单元——量子比特上就可以一窥究竟。

（1）经典比特

比特(bit)是信息量的最小单位。1比特的信息用二进制数0或1来表示。在经典计算机中，为了实现对信息的存储和处理，比特总是用一种经典的物理性质来实现，例如，磁场的方向（硬盘中）、电压的高低（CPU中）等。它们的共同点是"非此即彼"，如磁场方向的向上或者向下与比特值0或者1完全对应。这种用经典物理学性质实现的比特，称为经典比特。

（2）量子比特

量子计算使用量子物理学性质来编码信息，它的信息最小单元被称为量子比特。例如，用1个自旋来存储1比特的信息（称为自旋量子比特），自旋向上代表比特值为0，自旋向下代表比特值为1。由于量子态叠加的存在，自旋可以既向上又向下，此时量子比特就能同时为0和1，这是经典比特无法做到的。

（3）量子并行性

由于1个量子比特可以同时为0和1，量子计算机在操纵1个量子比特时，等同于同时控制两种状态。与之形成对比的是，经典计算机受"非此即彼"的限制，只能对0或者1分别进行控制。所以量子计算机操纵1个量子比特，相当于2台经典计算机并行，同时对0和1进行控制。

同理，量子计算机在操纵2个量子比特时，等同于同时控制4种状态（00、01、10、11这4种状态的量子叠加态），相当于4台经典计算机同时并行工作，因为每台经典计算机只能对00、01、10、11中的一种状态进行处理。

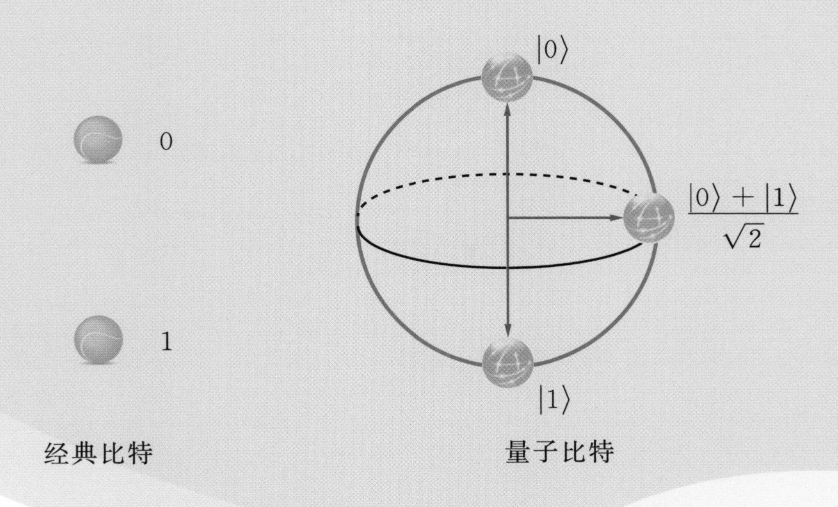

经典比特和量子比特

注 经典比特只能是0或者1。量子比特可以是0,可以是1,还可以是0和1的任意量子叠加态(对应球面上的任意一个点)。这个用来表示量子态的球面称作布洛赫球。

如果有3个量子比特的话,便可以并行处理8个状态;有10个量子比特的话,就能并行处理1024个状态;在增加量子比特时,量子计算机的计算能力就会以指数形式增长。当操纵300个量子比特时,可并行处理的状态数将达到惊人的2^{300}个,这超过了整个宇宙有质量的粒子数目的总和!

由于量子态叠加、量子纠缠的存在,使得量子计算机在对量子比特进行处理的时候可以多状态一起进行,这一特点叫作量子并行性。这是量子计算机具有强大计算能力的根源。

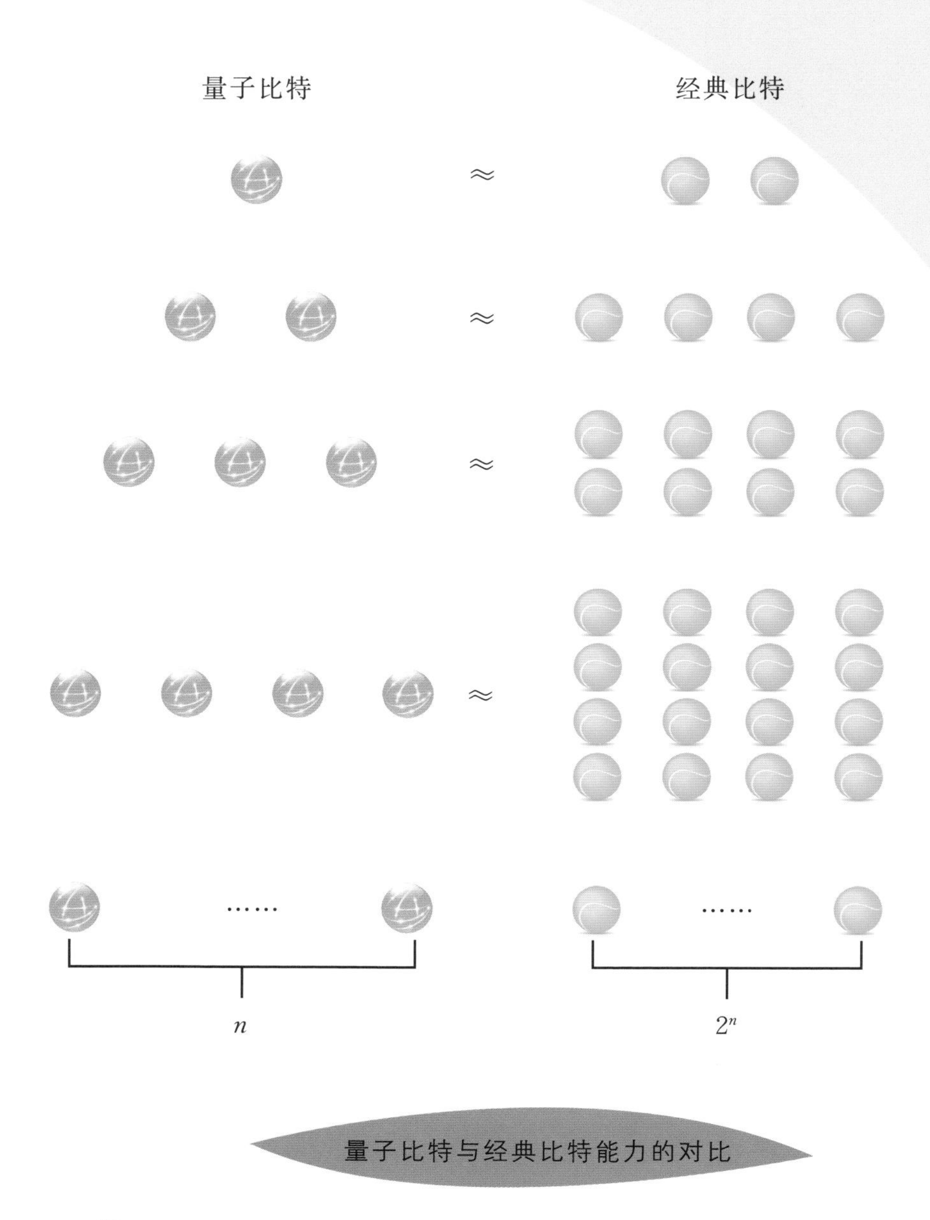

量子比特与经典比特能力的对比

注 n个量子比特的能力约与2^n个经典比特的能力相当，因此无论是存储资源还是计算速度，量子计算相对经典计算都有极为显著的提升。

第4讲　各怀绝技的量子算法

量子计算机的强大必须通过完成具体的任务来体现。我们的电脑里装有各种各样的软件，每个软件都可以完成一些具体的任务。量子计算机也有这样的“软件”，它们的专业名称为量子算法，即量子计算机的软件程序。下面我们简要介绍几个著名的量子算法。

1. DJ算法：小试牛刀

DJ算法是第一个被正式提出的量子算法，它可以通过量子计算来快速判断一个未知函数的性质。我们首先考虑它的最简单情形——判断一个1比特映射为1比特的未知函数是常函数还是平衡函数。那么什么是常函数和平衡函数呢？

我们来打一个比方。将未知函数看作一个神秘的黑匣子，黑匣子有两个开口。一个开口用来放东西进去，规定只可以放苹果或者香蕉，接着黑匣子运转一会，然后从另一个开口往外吐东西，既可能吐出苹果也可能吐出香蕉。思考一下，我们会发现一共有4种不同功能的黑匣子：

(1) 无论是放苹果还是放香蕉，黑匣子都只往外吐苹果；

(2) 无论是放苹果还是放香蕉，黑匣子都只往外吐香蕉；

(3) 放进苹果吐出苹果，放进香蕉吐出香蕉；

(4) 放进苹果吐出香蕉，放进香蕉吐出苹果。

常函数是指前两种黑匣子，无论放什么，它吐出的东西都是同样的。平衡函数就是指后两种黑匣子，根据放进去的东西的不同，它会吐出不同的东西。

想象一下，如果有这么一个黑匣子，你要如何判断它是常函数黑匣子还是平衡函数黑匣子呢？试一试！先放一个苹果看它吐出什么，再放一个香蕉看它吐出什么，根据两次吐出的东西就能知道它是哪一种了。这一种方法正是经典计算机处理这一问题的算法，通过两次运行来判定该未知函数的性质。

如果这个任务交给量子计算机来做的话，只需要运行一次就可以知道答案了。假如苹果代表一种状态，香蕉代表另一种状态，我们首先把量子制备到既是苹果又是香蕉的量子叠加态，再将这一叠加态输入黑匣子中。换句话说，我们相当于把一个非常奇特的水果（既是苹果又是香蕉）放了进去。因此，黑匣子能够在同一时间对苹果和香蕉这两种输入态进行运算，并一次给出结果。

以上是DJ算法最简单的版本。随着输入的水果种类增加，判断黑匣子的性质就会更加复杂。科学家多伊奇和约扎证明了使用DJ算法，量子计算机总能够比经典计算机更快地完成这一任务，而且是指数级加速。换句话说，处理1比特输入值的函数，量子计算机的处理速度是经典计算机的2倍；处理2比特输入值的函数，量子计算机的处理速度是经典计算机的4倍；3比特输入值的函数就变成8倍；4比特输入值的函数就变成16倍……随着函数越来越复杂，量子计算机相比经典计算机的处理速度优势就会越来越明显！

DJ算法是第一个问世的量子算法，给予了其他量子算法以设计灵感。通过它，量子计算初露峥嵘，显示出强大的计算能力。

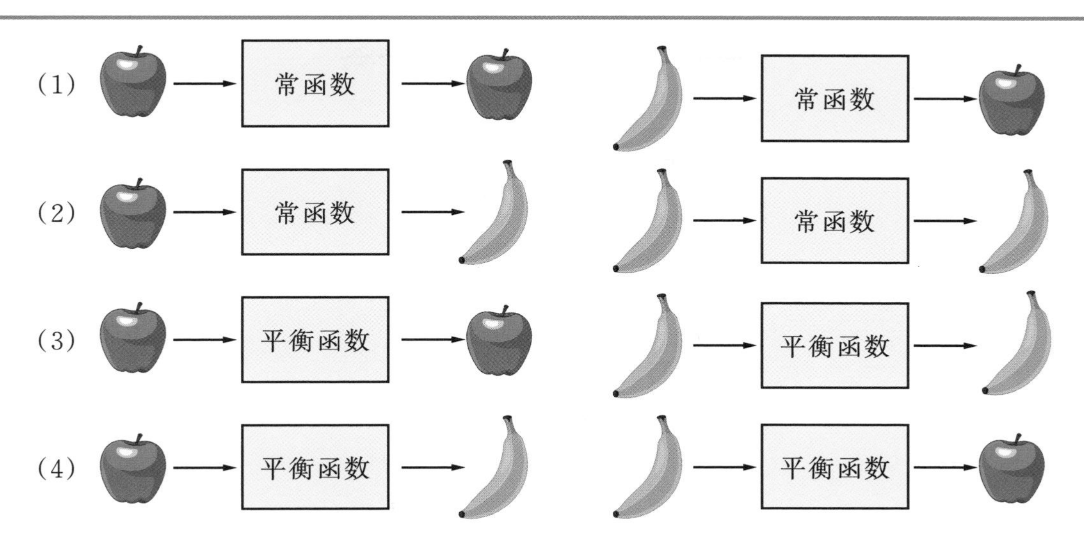

常函数和平衡函数的区别

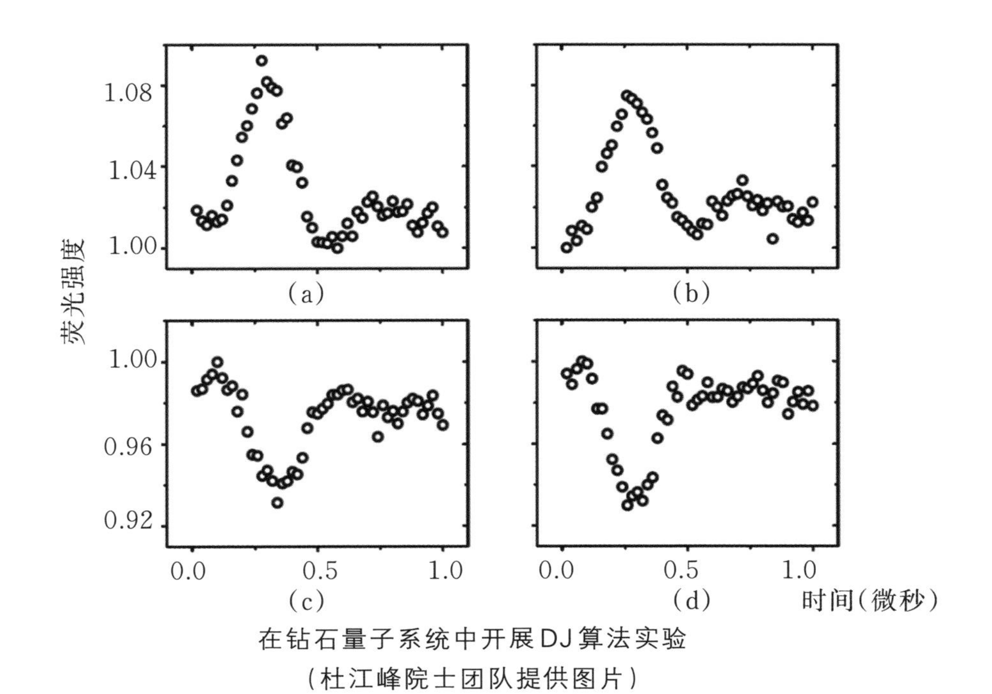

在钻石量子系统中开展DJ算法实验
(杜江峰院士团队提供图片)

注 这是4幅自旋回波实验结果图,记录了钻石量子比特发出的荧光强度随时间的变化。图中荧光谱峰向上表示量子算法判断出黑匣子是常函数,谱峰向下表示黑匣子是平衡函数。实验结果与理论相符。

2. 格罗弗算法：大海捞针

“大海捞针”常用来比喻范围大，没有线索，事情很难办成。然而，这一成语却经常被科学家用在格罗弗算法上，以显示它拥有这样的“超能力”。

格罗弗算法可以在一个无序的数据库里面快速搜索到目标数据。什么是无序数据库呢？假设你的手机里存储了很多联系人，而你也没有按照姓氏拼音或其他规律对联系人进行排序，那么这些联系人组成的数据库就是无序的。简而言之，无序数据库中的项目排列没有任何规律。因此，当你需要某个联系人的电话号码时，你只能挨个查找了。运气好的话，或许在查看第一个联系人时就能找到；反之，也许查看到最后一个联系人时才能找到。假设一共有$n(n\neq 0)$个联系人，那么在平均查看$n/2$个（数学期望值）联系人后，你才能找到需要的那个电话号码。因此可以认为：经典做法找到目标联系人的效率与$n/2$成正比。

使用格罗弗量子算法，找到目标联系人的效率能提升到与$\sqrt{n}$成正比。例如，如果有100个联系人，经典做法平均50次找到目标联系人，而使用格罗弗算法只要查看10次就可以查找到。如果有100亿个条目，通过经典做法平均50亿次找到目标条目，假设一秒钟看一条的话，需要158年；假设格罗弗算法查看一次也是一秒钟，那么找到目标条目的时间是28小时。由此可见，当数据库中的数据非常多的时候，两种算法的差距会非常明显，对于经典做法是“大海捞针”的难事，对于格罗弗算法只是“分分钟就能完成的事”。

格罗弗算法是怎么做到的呢？仍然是利用了量子叠加态和量子并行性。以下我们抛开严格的数学形式不谈，定性地讲一讲格罗弗算法的流程。

数据库中所有的条目，可以当作各种不同的状态。首先，制备一个大的量子叠加态，把每一个条目代表的状态都叠加起来，并且各自所占比重都一样大（如果这时候对量子叠加态做测量，得到任意一个条目的概率都一样大）。其次，格罗弗算法预先设计了两个操作，完成这两个操作一次作为一个循环。每一个循环操作，都是直接作用在大的量子叠加态上，相当于同时对所有条目做了一次查看（量子并行性）。当然由于条目太多，格罗弗算法也做不到一次循环就把目标条目查找到，但是在每一次循环后，它都能获取一点点目标条目的位置信息。表现在量子叠加态上，就是量子叠加态中目标条目状态的比重相比其他条目增加了一些（目标条目的概率就会比其他条目高）。当上述循环达到预先设定的次数后（与条目总数有关），量子叠加态中目标条目状态的比重便非常地接近100%了，也就是找到了想要搜索的目标条目。

我们用“找不同图形”的游戏来形象地说明上述量子算法的工作原理。图中包含了一个与众不同的图形，为了将它找出来，我们可以一个个地挨个看（经典计算机的方法），或者利用人眼能同时查看一小片区域内多个图形的特点快速查看（人的方法），或者一次查看所有图形（格罗弗算法的方法）。显而易见，格罗弗算法效率最高。

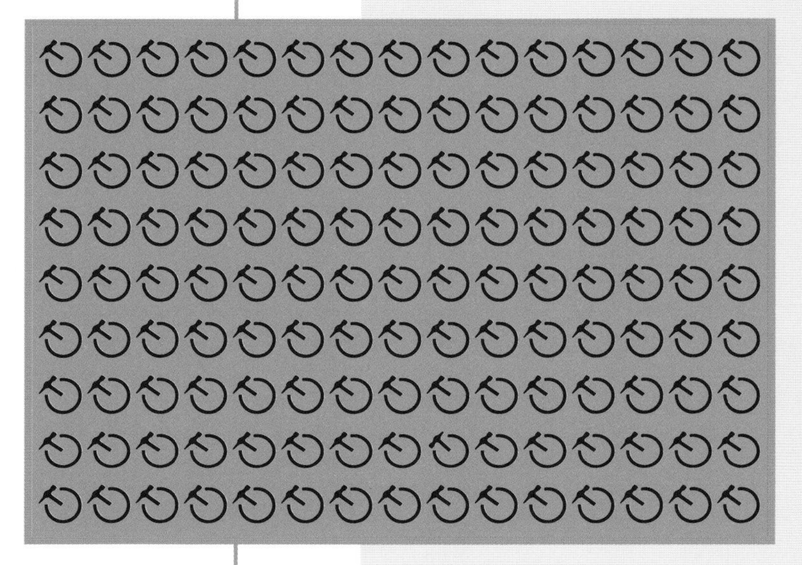

“找不同图形”的游戏存在多种寻找方法

注 格罗弗算法可一次查看所有图形，因此效率大大提升。

3. 舒尔算法：破解银行密码

舒尔算法是所有量子算法中的大明星，一问世就受到了全世界的广泛关注，因为它可以轻易地破解银行账户的密码。

在网络时代，个人的银行账号与密码、家庭住址、联系方式等私密信息不可避免地会在网络中存储和传输，人们通过加密来保证这些信息的安全。所谓加密，就是对信息的每个字、字母、数字或者它们的计算机编码，用一个约定好的数学运算进行映射，让它们换个样子出现。例如，对数字 2131 以“+2”的方式进行加密（这时的“2”叫作密钥），于是数字 2131

就变成数字4353。在他人看到数字4353时，即使他知道数字4353用“加一个数字”的方式进行了加密，但因为不知道加的是几(即不知道密钥是多少)，也就猜不出原来的信息。只有知道密钥是“2”的人，才能从数字4353推算出数字2131(这一过程叫作解密)。

只有掌握密钥的人才能轻松解密，提取出有用的信息。目前，金融行业为了账户信息安全，普遍使用RSA加密体系。RSA加密体系的原理与前例大致相同，只不过用了更为复杂的体系和数学运算，但重中之重仍然是密钥。为了保护密钥的安全，RSA加密体系利用了一个数学技巧——质因数分解。

自然数可以分为质数和合数(每个合数都可以写成几个质数相乘的形式，这几个质数都叫作这个合数的质因数)。数学家已经证明，对于一个很大的合数，要计算出它的所有质因数是非常困难的，也是经典计算机难以有效完成的。例如，分解一个400位的合数，使用目前最强的超级计算机计算也需要60万年，几乎是一个不可能完成的任务！所以，RSA加密体系把密钥选为某个很大合数的质因数，从而有效地提高了安全性。

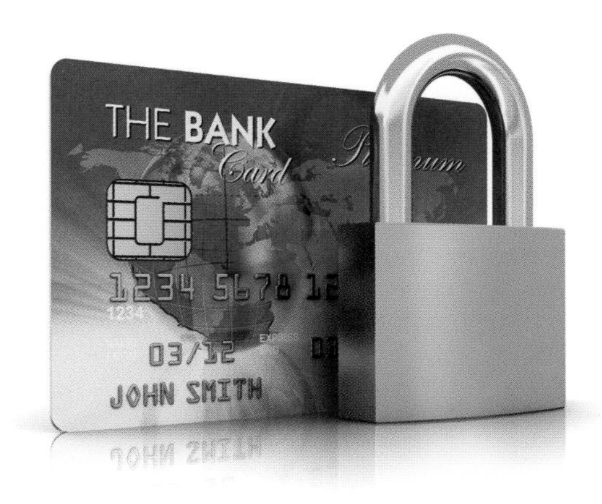

金融安全的这把锁可能会被量子计算机攻破

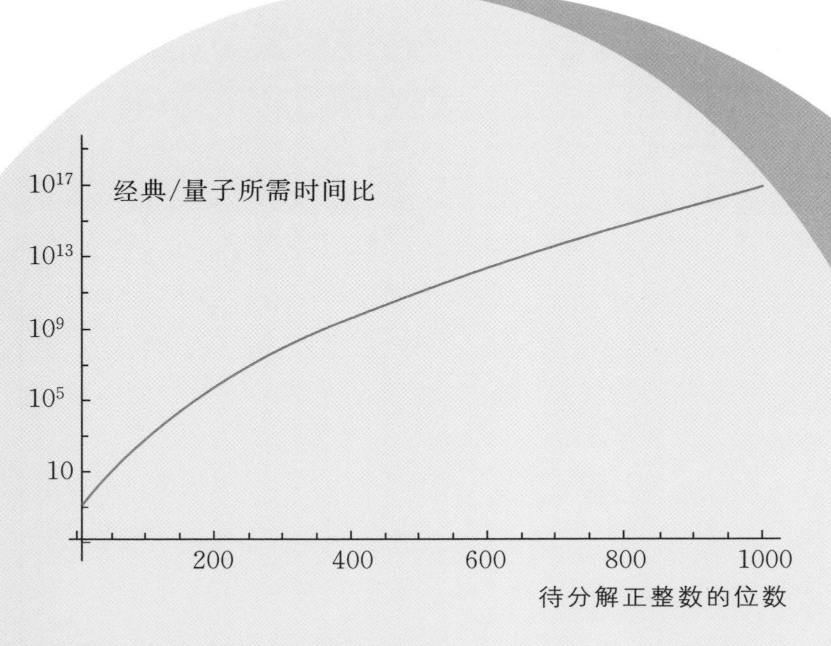

注 分解同一个正整数时经典计算机和量子计算机所需的时间比。

但是,自1994年舒尔算法问世以来,人们就开始担忧RSA加密体系的安全性了,因为舒尔算法的长处就是快速地实现质因数分解。例如,在与前述超级计算机同等规模的量子计算机上运行舒尔算法,分解400位的合数只需要3小时甚至更少的时间。舒尔算法把不可能完成的任务变成了可能,其最大的倚仗仍然是量子叠加态和量子并行性。让人们稍微宽心的是,目前科学家在实验室里造出的量子计算机规模还不够大,能分解的合数也不大,远未达到能破解银行密码的程度。所以,我们的银行存款暂时是安全的。

在实现舒尔算法方面,我国科学家走在了世界的前列。2007年,中国科学技术大学潘建伟科研团队使用光子量子计算手段实现了数字15的质因数分解。2008年,中国科学技术大学杜江峰科研团队使用核磁共振量子计算手段实现了数字21的质因数分解;2012年,实现了数字143的质因数分解;2017年,实现了数字291311的质因数分解。连续刷新了质因数分解的世界纪录。2017年,杜江峰院士团队首次在室温条件下的钻石量子系统中实现了质因数分解实验,为未来建造能在室温固态环境下工作的量子计算机打下了基础。

尽管舒尔算法对现行的RSA密钥体系构成了威胁,但它无疑是一项伟大的发明,它指出了原有密码体系的不足,展示了量子计算的崭新能力,拓展了人们的认知。科学家也在致力于研究基于量子规律的密码学——量子加密。如果把舒尔算法比作锋利的矛,能轻易刺穿经典加密手段的盾的话,那么能与它抗衡的量子的"盾"也必将出现。

已完成的量子质因数分解实验

年份	分解的整数	实验系统	完成机构	实现模式
2001	15	核磁共振	美国IBM	基于传统的量子线路模式
2007	15	光子	中国科学技术大学潘建伟组	
2007	15	光子	澳大利亚昆士兰大学	
2012	21	光子	英国布里斯托大学	
2008	21	核磁共振	中国科学技术大学杜江峰组	基于绝热量子计算模式
2012	143	核磁共振	中国科学技术大学杜江峰组	
2017	35	钻石单自旋	中国科学技术大学杜江峰组	
2017	291311	核磁共振	中国科学技术大学杜江峰组	

第5讲　用量子计算机模拟真实世界

模拟现实世界是经典计算机的强项。例如，在前沿科学研究中，计算机能够模拟天体的运动、核试验等，使人们不用去观察真实的对象就能获取所需的信息；在网络游戏中，计算机能模拟出虚幻的游戏世界，人们可以在游戏中扮演多种角色，完成各类任务。近年来，随着虚拟现实技术的不断发展，计算机的模拟效果越发地接近人类对现实世界的真实体验，视觉、听觉、触觉、运动感知等的模拟甚至到了难辨真假的程度。毫无疑问，计算机在模拟真实世界上取得了巨大的成功。

现实世界是由微观粒子组成的，微观粒子遵守量子力学规律。那么计算机模拟微观粒子组成的量子系统是否同样很厉害呢？早在20世纪80年代，科学家就已经在考虑

电影《头号玩家》讲述了人类利用计算机模拟了一个庞大的虚拟世界

这个问题了。1982年,美国物理学家费恩曼在一篇论文里讨论了这个问题,并给出了他的答案:由于微观粒子自身和相互之间存在量子叠加、量子相干和量子纠缠,为了模拟这些量子效应,计算机需要非常多的额外计算资源,并且随着微观粒子数的增加,所需的计算机资源呈爆炸式增长,计算机很快就会无能为力。当前最强大的超级计算机也无法模拟100个微观粒子组成的量子系统。事实上,使用经典超级计算机模拟的最大量子系统的微观粒子数仅为56,这一纪录由IBM公司在2017年创造。

费恩曼除了给出“经典计算机不能够有效模拟量子系统”的结论外，还给出了解决这个问题的办法：用量子系统去模拟量子系统。换句话说，就是用一群我们可以控制的微观粒子去模拟另一群微观粒子。通过人为控制，让可控微观粒子们的行为与被模拟的微观粒子们相同，以此完成模拟，这就是量子模拟。

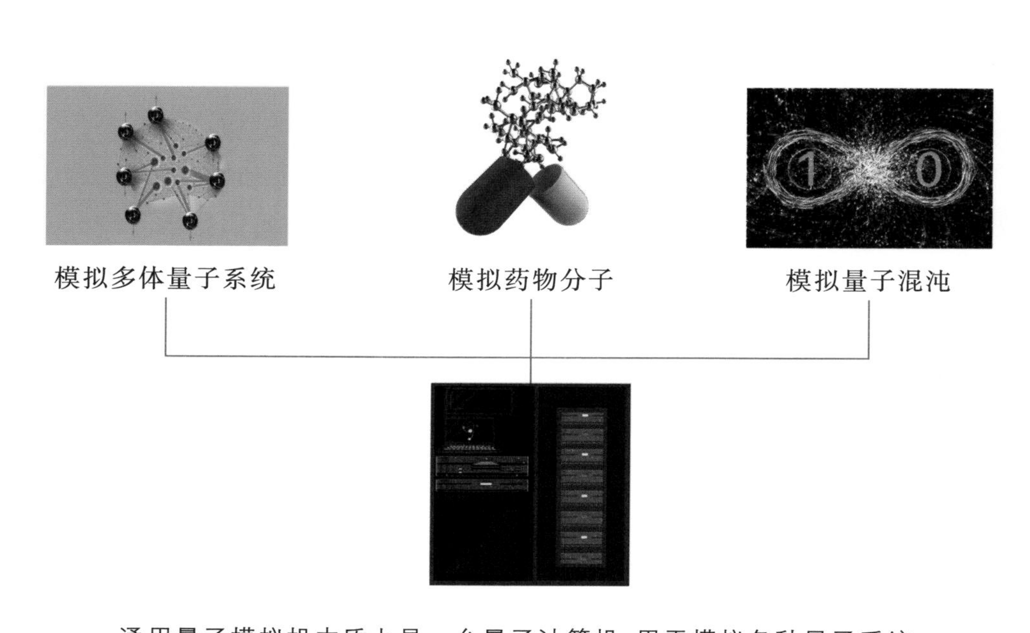

通用量子模拟机本质上是一台量子计算机，用于模拟各种量子系统

因为可控量子系统的微观粒子们自身和彼此之间原本就存在着量子效应，所以并不需要占用额外的资源去人为模拟这些量子效应，也就不存在计算资源紧张的问题。一般来说，模拟 n 个微观粒子的量子系统只需要 n 个可控的微观粒子的量子系统。

1. 量子模拟的种类

1996年，美国科学家赛斯·劳埃德(Seth Lloyd)用严格的数学逻辑证明了费恩曼关于量子模拟想法的正确性。他指出,任意量子系统的行为都可以通过适当的量子控制去近似地模拟出来,并达到需要的任意精确度。这一方法被称为通用量子模拟或数字量子模拟。它与用经典计算机做模拟非常类似,实质上就是建造一台用于量子模拟的量子计算机,并用它模拟各种量子系统,可称它为通用量子模拟机。

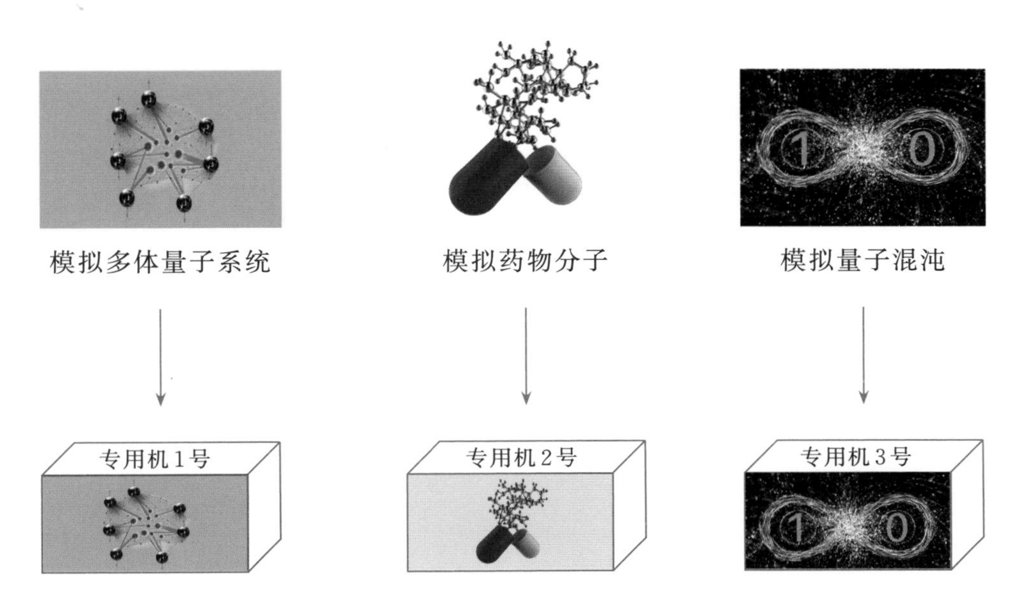

专用量子模拟机只能用于模拟特定的量子系统,一机一用

目前,建造一台实用化的通用量子模拟机还非常困难,于是科学家另辟蹊径,针对特定的待模拟量子系统,构造一台与它非常类似(如具有同样的粒子间相互作用形式等)的专用量子模拟机,专门模拟这一种量子系统,这种方法被称为近似量子模拟。专用量子模拟机只能用于处理特定的量子系统,不具备通用性,但是它更容易实现。

2. 量子模拟能做什么

世界是由微观粒子组成的，因此很多现象追本溯源，都与微观粒子的量子行为有关。在研究这些现象时，量子模拟便有了用武之地。

科学家将量子模拟用于研究物质的基本分子。2010年，杜江峰科研团队实现了对氢气分子的量子模拟，这是由2个氢原子组成的量子系统。科学家通过模拟计算出氢气分子的基态能量，且达到了45位有效数字的高精度。2017年，IBM实现了对BeH_2分子的量子模拟。2018年，杜江峰院士团队实现了水分子的量子模拟，成功地观测到水分子的能级。

仅模拟静态的分子还不够，科学家还希望研究分子是怎样发生化学反应的。2011年，杜江峰科研团队对一种化学异构反应的动态过程首次实现了量子模拟，将该反应涉及的动能、势能、外加驱动场等全部要素在量子模拟实验中完美重现，并完成了对整个反应动力学的模拟。

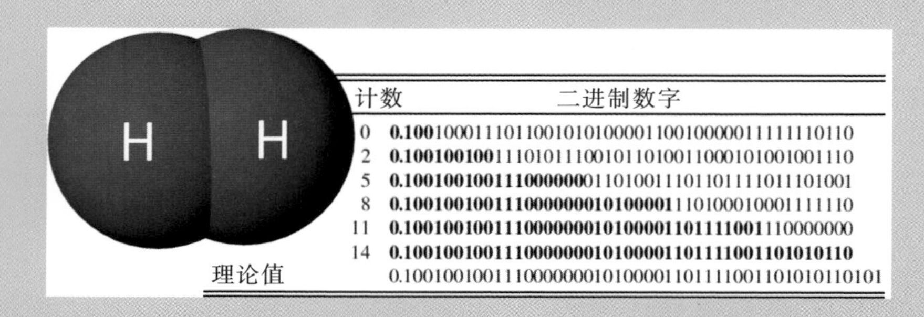

计数	二进制数字
0	**0.100**1000111011001010100001100100000111111110110
2	**0.100100100**111010111001011010011000101001001110
5	**0.1001001001110000000**11010011101101111011101001
8	**0.1001001001110000000010100001**1101000100011111110
11	**0.1001001001110000000010100001101111001**110000000
14	**0.1001001001110000000010100001101111001101010110**
理论值	0.1001001001110000000010100001101111001101010110101

量子模拟氢分子

（杜江峰院士团队提供图片）

注 科学家通过精准的量子模拟实验技术，把氢分子的基态能量值计算到了45位二进制数字的高精度。

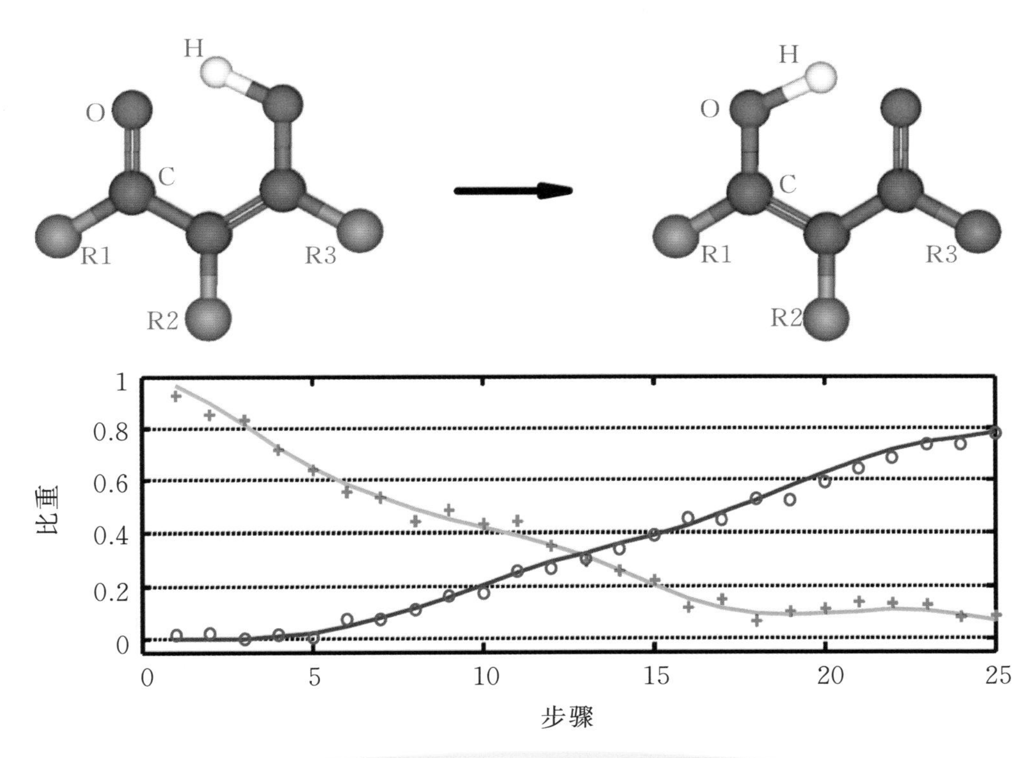

量子模拟一种化学异构反应的动态过程
（杜江峰院士团队提供图片）

注 科学家通过量子模拟计算出化学反应过程的每一步中反应物（“+”表示）和产出物（“o”表示）所占的比重。

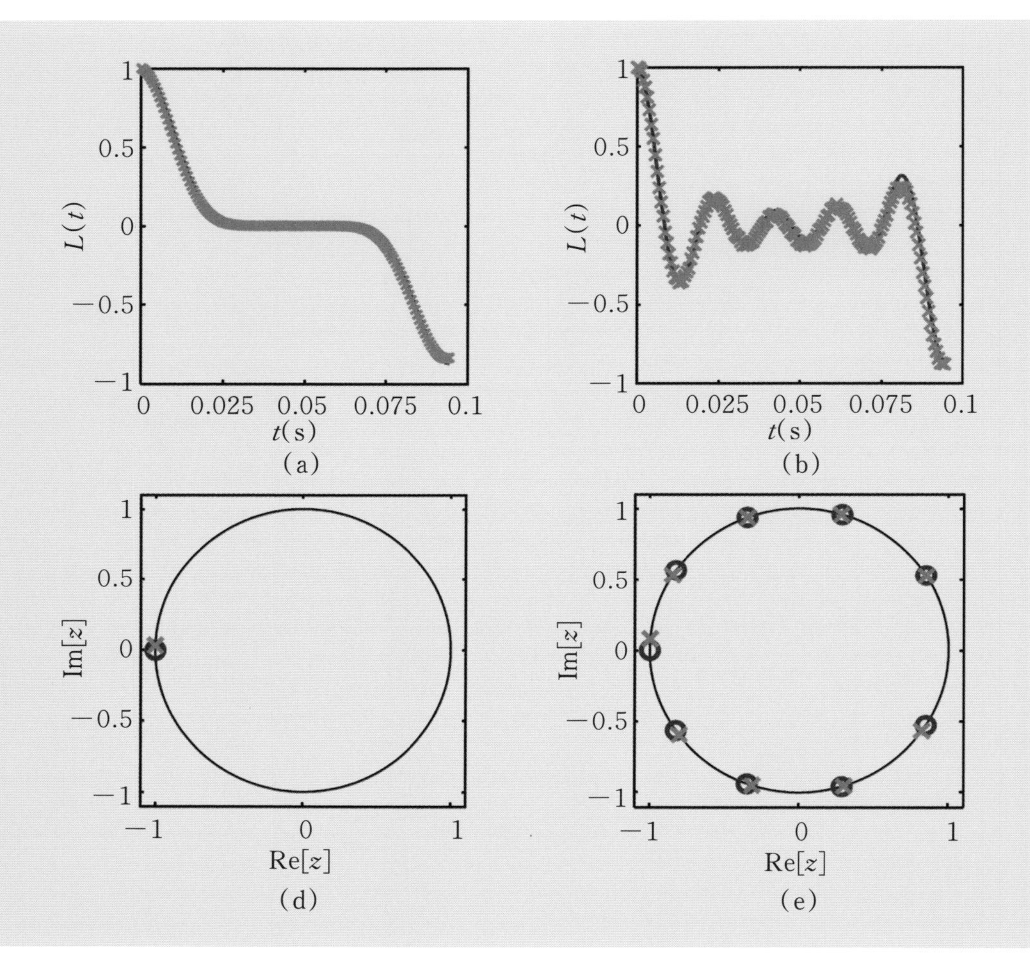

量子模拟在处理物理问题上的用处更多，如多体问题、凝聚态物理和奇异量子态、量子开放系统、量子混沌，等等。杜江峰科研团队先后实现了二体（2005年）、三体（2009年）、四体（2014年）相互作用的量子模拟；2015年，实现了对热力学系统的量子模拟，首次观测到了李政道和杨振宁提出的虚数磁场效应；实现了对两种拓扑量子系统的模拟（2016年、2017年）。

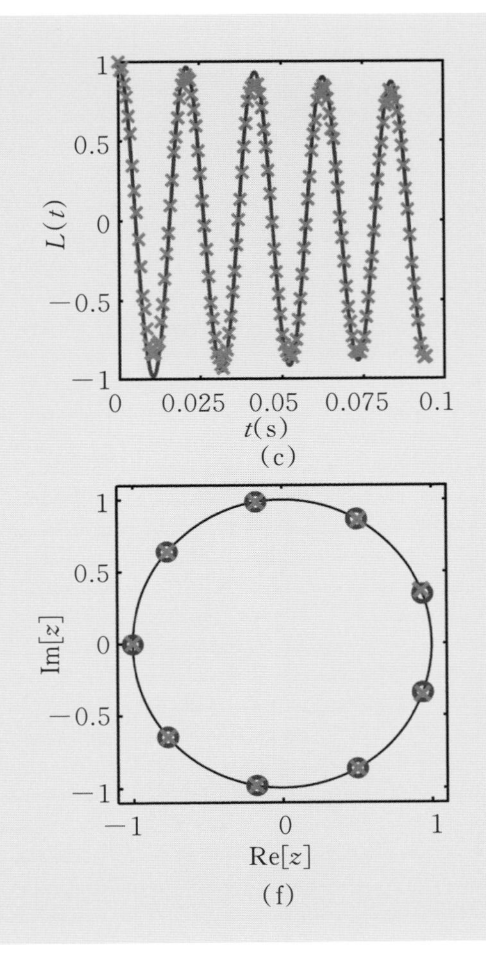

科学家通过量子模拟首次观测到Lee-Yang零点
（杜江峰院士团队提供图片）

注 Lee-Yang零点是由李政道和杨振宁于1952年首次从理论上提出的一种物理性质。长期以来，学界一直认为这种物理性质无法在实验中加以观测。2015年杜江峰科研团队的彭新华教授与其合作者使用量子模拟的方法，在实验中观测到了Lee-Yang零点。她们通过记录中心自旋相干性所能取到的零点((a)(b)(c)三图)，刻画出单位圆上的Lee-Yang零点的个数和位置((d)(e)(f)三图中的红色叉叉)，这与理论预期完全相符。

2016年，郭光灿院士团队使用量子模拟研究了宇称-时间世界中的超光速现象。2017年，潘建伟院士团队构建了用于玻色采样的专用量子模拟机，其计算速度超越了早期的经典计算机。2018年，杜江峰院士团队利用量子模拟方法，通过高精度量子控制实验手段在原理上识别了一类二维晶格体系的不同拓扑相，向着利用实验手段研究复杂的量子物质和实现拓扑量子计算的方向迈出了重要一步。

上述的量子模拟实验仍是初步的，模拟的量子系统还不够大，尚没有真正展示出量子模拟的威力。科学家们雄心勃勃，计划在未来5年内实现足够大的量子系统的量子模拟，超越目前最好的经典计算机的模拟能力，推动量子模拟进入实用化。未来，人类可以通过量子模拟揭示量子相变、高温超导机制、量子霍尔效应、超冷分子量子动力学等科学现象背后的机制，为先进材料制造和新能源开发等奠定科学基础。

第6讲　人工智能量子芯

（1）2016年3月，阿尔法狗（AlphaGo）在韩国首尔与围棋世界冠军李世石进行围棋人机大战，并以4比1的总比分获胜；

（2）2016年末至2017年初，升级版阿尔法狗（Master）在中国棋类网站上与来自中、日、韩等国的数十位围棋高手进行快棋对决，取得60胜0负的辉煌战绩；

（3）2017年5月，进一步变强的阿尔法狗在中国乌镇与当时排名世界第一的围棋冠军柯洁对战，并以3比0的总比分获胜；

（4）2017年10月，阿尔法狗最新版（AlphaGo Zero）诞生，它采用自我学习的方式，从零开始探索围棋技艺，仅用3天就战胜了首版阿尔法狗，40天后打败了Master版阿尔法狗。

Google公司研发的围棋人工智能程序——阿尔法狗，用一次次令人瞠目结舌的战绩，将人工智能推到了公众面前。自此，人们津津乐道于有关人工智能的各种新闻，或惊叹它的成就，或忧虑它的潜在威胁。2017年12月，“人工智能”入选2017年度中国媒体十大流行语。

AlphaGo战胜人类围棋冠军

人工智能研究的主要目标是让机器做一些需要人类智能才能完成的复杂工作。近20年来，人工智能飞速发展。在1997年IBM研制的深蓝(Deep Blue)击败国际象棋世界冠军卡斯帕罗夫之后，有人不服气地说：“电脑厉害？让它下盘围棋试试！”因为围棋每走一步的可能性要比国际象棋多太多，人类下围棋并不依赖于计算所有的可能性，而以对大势的判断和直觉为基础。当时人们觉得这正好是计算机不擅长的。现在，阿尔法狗通过应用神经网络、深度学习、蒙特卡洛树搜索法等新技术，形成了它独特的策略分析和棋局评估能力，类似于拥有了人类的判断与直觉。不仅如此，借助于强大的计算能力和不断进化，阿尔法狗的这种判断能力比人类更精准、更不容易出错。人工智能在攻下国际象棋、跳棋、黑白棋、扑克牌等棋牌游戏后，攻克了围棋这最后一座堡垒。

人工智能正在向全方位的能力发展。人工智能已经可以看图、作画、写诗、弹钢琴，还能自动驾驶汽车、帮助医生进行医学诊断和设计治疗方案，越来越接近人类智能，甚至在某些方面已经高人一筹。难怪有人感慨，“自己的‘饭碗’恐怕要被机器人给抢走了！”

1. 人工智能为什么这么聪明

人工智能如此聪明的原因有两个：看得多，学得快。看得多是指人工智能有大数据的支撑。数据对于人工智能就像书本对于人类，蕴含了各种各样的知识。据估计，全球数据总量在2010年达到了1.2泽字节，2018年达到33泽字节，增速十分迅猛（1泽字节相当于400万个美国国会图书馆的藏书信息量）。

光看得多还不行，还得学得快。人工智能的学习能力就是它对数据的计算能力。随着计算机性能的突飞猛进，人工智能的计算能力也是与日俱增。1997年的深蓝仅使用了30个CPU，而2016年的阿尔法狗使用了约2000个CPU、300个GPU，两者的计算能力不可同日而语。可以说，计算能力越强大，人工智能就越聪明。

在这个时代，数据的产生越来越容易、越来越多。一方面，这为人工智能提供了丰富的知识来源；另一方面，这也让人工智能面临着巨大挑战——是否有足够的计算能力去处理这些浩如烟海的数据？我们知道，传统计算机的发展即将到达瓶颈，在可见的将来很难实现持续的性能提升。为了应对人工智能对计算能力日益增长的需求，人们很自然地把目光投向了量子计算，这个比经典计算机拥有更强大计算能力的“怪物”。

2. 量子人工智能的发展

以量子计算作为基础的人工智能，就是量子人工智能。Google公司在2013年宣布成立“量子人工智能实验室”。如果说阿尔法狗已经赚足了人们的眼球，那么量子版阿尔法狗很可能就是Google公司雪藏的秘密武器。不只是Google公司，微软公司、IBM公司以及世界顶尖的大学、研究机构也都在紧锣密鼓地开展量子人工智能的研究。2017年5月，我国“类脑智能技术及应用国家工程实验室”在中国科学技术大学建立，它是我国类脑智能领域唯一的国家级工程实验室，其研究方向也涵盖了量子人工智能。

在量子人工智能的研究中，需要开发能够完成特定人工智能任务的量子算法，统称为量子人工智能算法。与前文提到的能做数据搜索的量子算法、能破解密码的量子算法一样，量子人工智能算法也各有所长。针对机器学习、模式识别等人工智能的主要研究领域，科学家已经在理论上设计了不少的量子人工智能算法，每一种算法完成任务的速度都要比对应的经典算法快得多。

量子人工智能的实验研究相较于理论要滞后一些，在国际上仍处于起步阶段。在为数不多的实验工作中，我国科学家的成果占了很大比重。例如，2015年杜江峰科研团队完成了量子人工智能识别手写字符的实验，同年潘建伟院士团队完成了最高8维空间的量子人工智能分类算法实验，这些都是国际上量子人工智能实验的先驱工作。

大数据处理能力是人工智能的智慧之源

具有“量子大脑”的量子人工智能会更加聪明

3. 量子人工智能算法举例:识别手写字符

字符识别是指将图片中的打印文字或手写文字转换成计算机可以理解的信息。简单地说,就是让计算机知道它看到了什么。这对人类来说十分简单,如右上图所示,我们一眼就能看出图中蕴含的字符是“To be or not to be”。但是对于计算机来说就没那么简单了,因为图中字母的变形、多余的横线都会对它造成干扰,让它“看花了眼”,以致无法识别出其中的正确信息。网络上形形色色的图片验证码,正是基于这一原理,用来阻止软件批量自动登录。当然,这是在人工智能尚未涉足的前提下。

字符识别通过经典人工智能已经能够实现,它被划分到“分类问题”的范畴,并通过一种被称为支持向量机的算法来实现。近年来,科学家发明了支持向量机算法的量子版本——量子支持向量机,相较于它的经典版伙伴,它的速度和效率实现了指数级的增加。

2015年,杜江峰科研团队完成了国际上第一个量子支持向量机算法的实验。在这次实验中,他们教会了量子人工智能如何识别手写的“6”和“9”。他们首先使用打印体的标准字符“6”和“9”去训练量子人工智能机器,让它学习两者的主要特征和区别。然后,再通过一系列手写的“6”和“9”去测试量子人工智能机器,看看它到底学会了没有。由于手写字符不像打印字符那么标准,因此机器无法通过完全匹配的方式来做判断,而是要自己去寻找和抓住主要特征。虽然任务似乎有点难,但是我们的量子人工智能机器还是相当聪明的,手写的“6”和“9”都无一例外地被正确识别了。

To be or not to be

看懂图中的信息对于计算机来说并不简单

6 9

打印字体的“6”和“9”

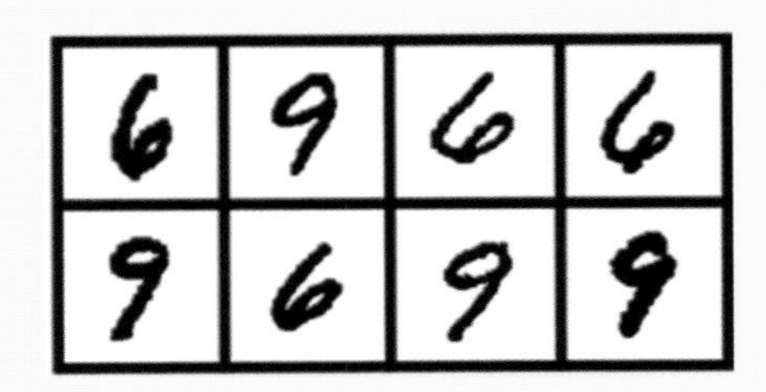

手写字体的“6”和“9”

各种手写字体	6	9	6	6	9	6	9	9
实验指标								
相应的幅度	0.2234	-0.2247	0.2205	0.2496	-0.1775	0.2092	-0.1421	-0.2278
识别结果	6	9	6	6	9	6	9	9

量子人工智能实现手写字符识别的实验结果

注 图中的第一行是有待量子人工智能识别的各种手写字体的“6”和“9”。第二和第三行是量子人工智能给出的实验指标和相应的幅度，实验指标向上表示识别出的是“6”，向下表示识别出的是“9”。第四行是量子人工智能最终的识别结果，结果完全正确！

这里稍微地“剧透”下具体原理。量子人工智能在看到每一个“6”或“9”之后，会使用一种二维向量标记的方法，对字符的特征进行归类。每一个字符被标记转换后就对应图上的一个点。尽管每个手写字符长得不一样，以致同类的“6”或“9”的点都不重合，但是所有“6”的点和所有“9”的点明显地集中于不同的区域，量子人工智能就是用这种方法来去除同类字间的微小差别，从而精确地加以判断。这与人类大脑的工作方式非常类似，眼睛看到“6”和“9”之后，大脑会通过特定机制（对应二维向量标记方法）对其进行分类，以达到识别的目的。

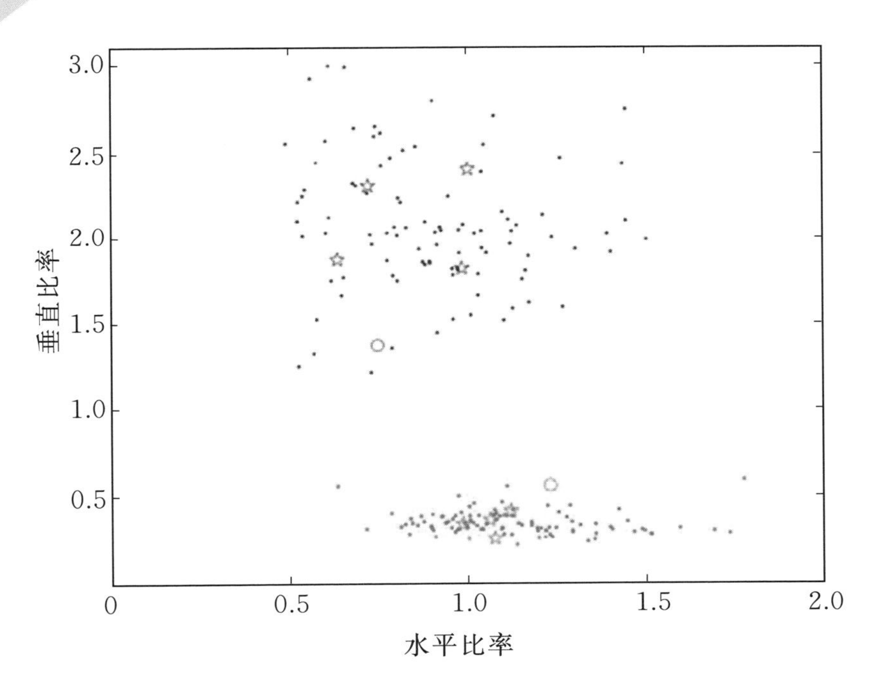

量子人工智能使用二维向量标记的方法来分类不同的字符

第7讲 量子计算模式

在具体实现量子算法、量子模拟、量子人工智能等量子计算任务的时候，有两个方面需要考虑：一是用什么原理来处理量子信息，即量子计算模式；二是用什么物理系统来做量子计算，即量子计算硬件。这里我们先介绍几个常见的量子计算模式。

1. 量子线路模式

量子线路与数字电路类似。量子逻辑门是量子线路的基本组成单元，它们是对小数量量子比特进行信息处理的基本操作单元。对一个量子比特进行处理的逻辑门称为单量子比特逻辑门，对两个或两个以上量子比特进

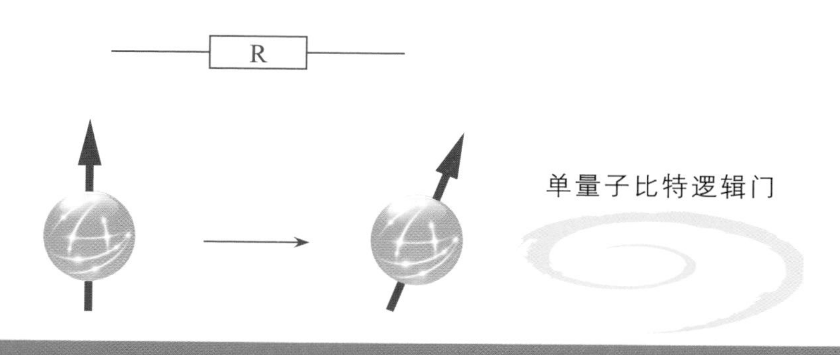

行处理的逻辑门称为多量子比特逻辑门。通过设计，一系列量子逻辑门按照时间顺序排列起来就能完成复杂的量子计算任务。

单量子比特逻辑门把单个量子比特的量子态按照需要转变为其他任意量子态。从几何直观上讲，相当于把量子比特进行了任意的旋转。

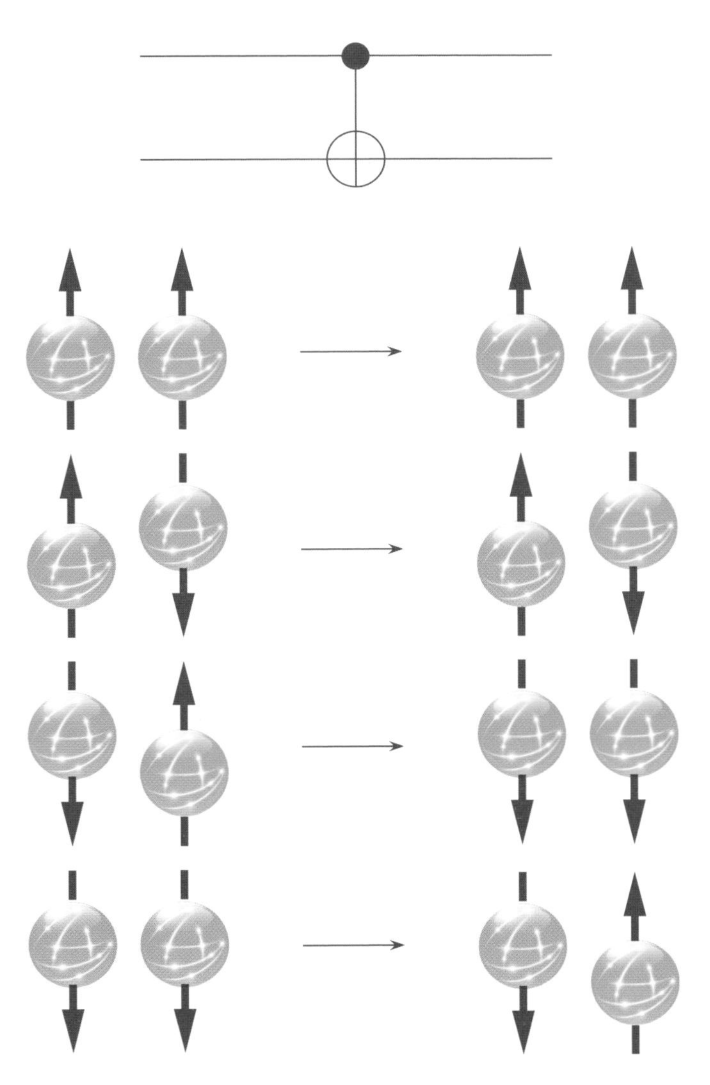

两量子比特受控非(CNOT)逻辑门

两量子比特 CNOT 逻辑门是一种最具代表性的多量子比特逻辑门，它同时作用于两个量子比特上，它会根据第一个量子比特的状态来决定是否翻转第二个量子比特。如果第一个量子比特是朝上的，则不翻转第二个量子比特；如果第一个量子比特是朝下的，则翻转第二个量子比特。

一般的量子线路都是从各量子比特处于 0 态开始，从左往右依次执行各种各样的量子逻辑门，以完成特定的量子计算任务。如下图所示，量子线路在三个量子比特之间建立了 GHZ 量子纠缠态（薛定谔猫态）。

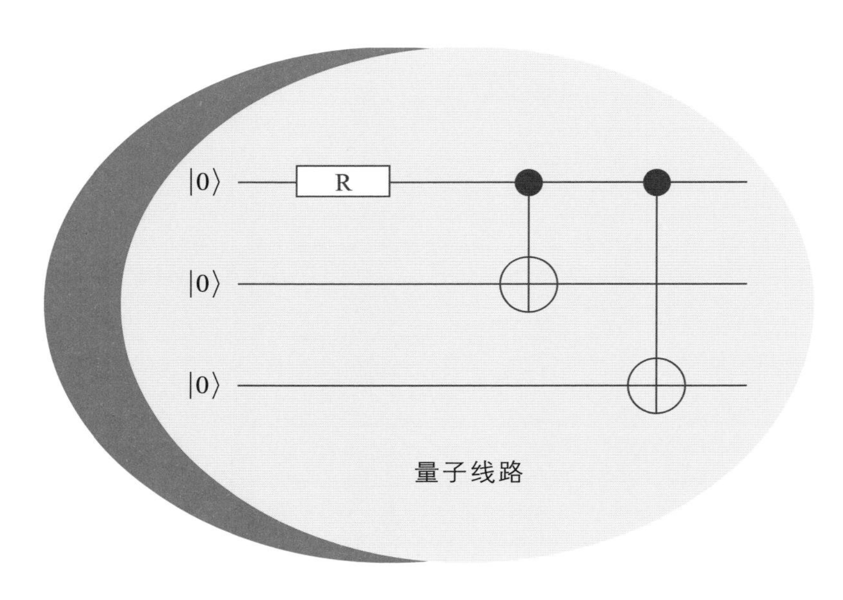

量子线路

量子线路中一个非常重要的概念叫作普适量子逻辑门集合，即研究怎样用最少和最易实现的量子逻辑门种类来完成任意的量子信息处理。类似于经典可逆计算中的三比特托福利门，多伊奇首先在 1989 年证明了对任意的量子信息处理都可以通过一个三量子比特的逻辑门来实现。随后，A.Barenco 等人在 1995 年证明了可以通过单量子比特任意旋转逻辑门和两量子比特 CNOT 逻辑门来达到同样的目的，即单量子比特任意旋转逻辑门与两量子比特 CNOT 逻辑门组成了一个普适量子逻辑门集合。通常，单量子比特、两量子比特逻辑门比三量子比特逻辑门更易实现，因而 A.Barenco 等人的结论被科学家广泛采纳。另外，除了一些与经典逻辑门等价的两量子比特逻辑门外，科学家还证明了几乎所有的两量子比特逻辑门都是普适的。上述成果表明，我们可以用很少量的量子逻辑门种类来实现任意的量子信息处理，从而为完成各种各样的量子计算任务扫清原理上的障碍。

由于经典计算的数字电路概念深入人心，所以与其相似的量子线路模式更容易让人理解，成为人们在研究量子计算时最普遍采用的一种模式。

2. 绝热量子计算模式

绝热量子计算是指通过调控量子系统总能量的方式来完成量子计算。

量子系统的能量与组成它的所有小粒子的运动状态、小粒子间的相互作用、小粒子在外场中所处的位置等物理因素有关。前面已经提到，量子系统的能量是量子化的，即只能处于一些特定的能量值而不能连续变化。假设量子系统处于它所允许的最低能量态(基态)，根据量子理论，只要外界输入的能量没有达到能让它跃迁到第二低能量态(第一激发态)所需要的大小，它还将保持在基态上。根据这一原理，博恩(M. Born)和福克(V. Fock)在1928年提出了一条绝热定理：量子系统的改变只要足够缓慢，初始时刻处于基态的量子系统就将一直保持在各时刻的基态上。这就好比赛车过弯道的时候，如果速度太快就容易冲出跑道，如果放慢速度就可以一直保持在跑道中。量子绝热定理是绝热量子计算模式的理论基础。

在做绝热量子计算的时候，科学家把量子计算所要求解的答案对应到量子系统某个特定能量形式下的基态。通常这个能量形式我们是知道的，但是直接求解它的基态是一个很困难的事情。利用量子绝热定理，科学家可以先把量子系统制备到一个已知的、通常是很简单的能量形式的基态上，然后缓慢地改变量子系统，让它逐渐转变成那个特定的能量形式。当转变完成的时候，量子系统就自然而然地处在我们想要的基态了，量子计算就完成了。

尽管绝热量子计算的风格看起来与量子线路模式如此的不同，但阿哈罗诺夫(D. Aharonov)等人证明了它与量子线路模式是等价的，即具有同样的普适性和计算复杂度，也能够完成任意的量子计算任务。中国科学技术大学杜江峰团队使用绝热量子计算模式完成了一系列量子质因数分解算法实验。

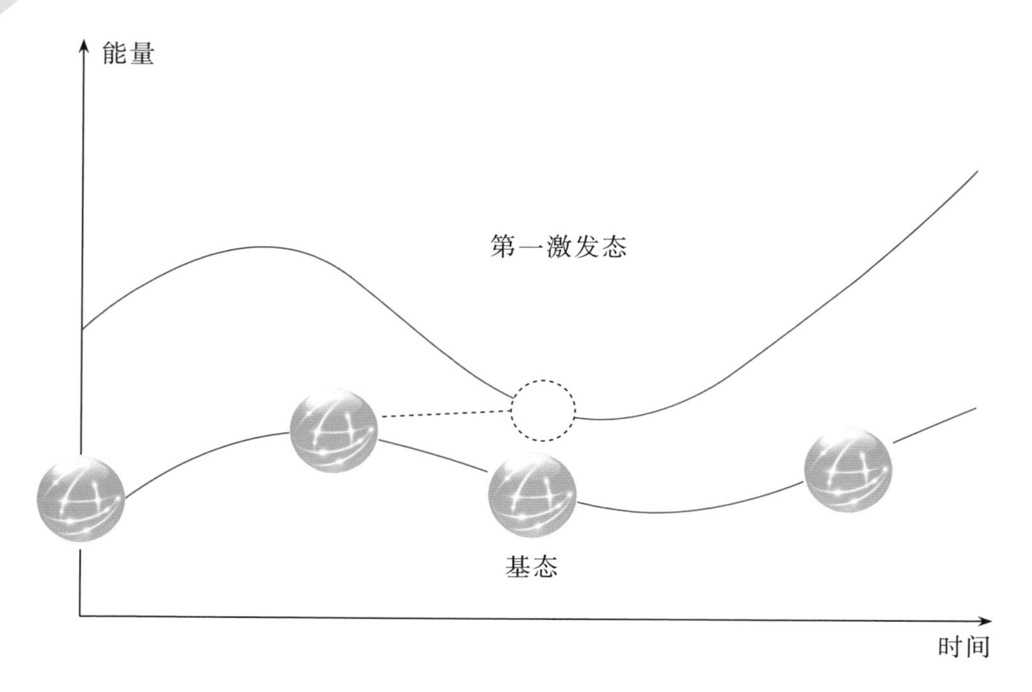

绝热量子计算

注 做绝热量子计算的时候要让量子系统一直保持在它的基态上。如果速度过快，量子系统就会跃迁到它的第一激发态上，那么绝热量子计算就失败了。

3. 单向量子计算模式

单向量子计算模式也称基于测量的量子计算模式。它以一类特殊的量子纠缠态为计算资源,所有的量子计算任务都是通过单量子比特测量来完成的。由于单量子比特测量的不可逆性,所以称它为单向量子计算。

作为单向量子计算资源的量子纠缠态称为图态,这是因为这种量子纠缠态总是与特定的图形相对应。例如,下图展示了两种四量子比特的图态,分别对应线形排列的图和星形结构的图。图形中的连线代表如何建立起对应的图态:以预先约定的规则在相连的两个量子比特之间完成一次特定的量子操作,有多少连线就完成多少次,当所有操作都完成的时候图态就建立起来了。这是一种程序化的建立图态的方法。事实上,图态作为量子计算的资源只与它本身的量子纠缠性质有关,与它的建立方法无关。所以我们不必非要采用上述方法,可以用各种更简便的实际操作方法来建立图态。比如,在光学系统中就常使用概率的、非线性的方式来制备图态。

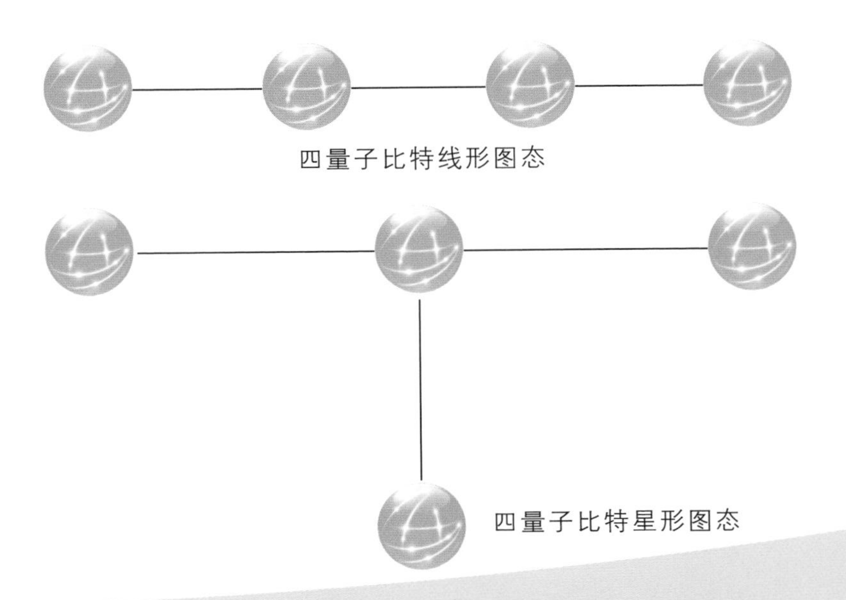

四量子比特线形图态

四量子比特星形图态

图态被建立起来之后，就可以通过单量子比特测量来完成量子计算。例如，按顺序测量四量子比特线形图态的前三个量子比特，等价为对量子信息进行了单量子比特任意旋转逻辑门运算。按顺序测量四量子比特星形图态的1、2两个量子比特，等价为对量子信息进行了两量子比特CNOT逻辑门运算。由于单量子比特任意旋转逻辑门和两量子比特CNOT逻辑门构成了普适量子逻辑门集合，即表明单向量子计算也能够完成任意的量子计算任务。上述测量中，排在后面的测量通常要依赖于之前的测量结果（前馈）。

单向量子计算的一般流程如下：

（1）在足够大的量子比特阵列上建立普适的图态。

（2）根据当前的量子计算任务，通过一种特殊的单量子比特测量把对任务无用的那些量子比特从图态中“消除”。例如，右图中只保留灰色阴影覆盖的那些量子比特。这一步相当于把普适的图态“雕版”成适合完成当前量子计算任务的图态。

（3）按顺序做单量子比特的测量。每一步以什么方式去测量通常取决于之前几步的测量结果，这种测量结果的“实时前馈”是单向量子计算中重要的组成部分。

（4）对最后剩下的量子比特进行测量，读出量子计算的结果。

单向量子计算模式为某些物理系统开展量子计算提供了有效、便捷的途径。一般来讲，高精度的两量子比特逻辑门比单量子比特操控更难以实现。而在单向量子计算中，两量子比特逻辑门的使用可以完全避免（图态的制备可以不用两量子比特逻辑门），只使用一系列单量子比特测量就可以完

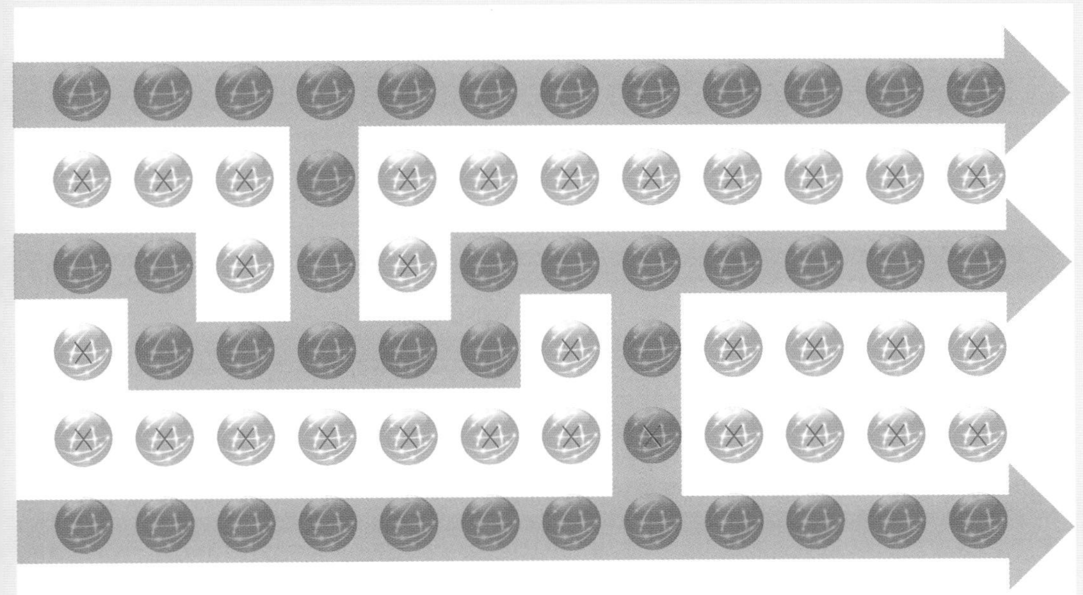

单向量子计算的流程

成量子计算。例如，光子间因为缺乏显著的相互作用，所以很难完成两量子比特逻辑门。但是建立光子的量子纠缠态和单光子测量较为方便，因此在使用光子来做量子计算时，单向量子计算模式是一个不错的选择。

此外，量子纠缠和量子测量在单向量子计算中起着最为显著的作用，因此人们相信，对于单向量子计算的深入研究将有助于深入理解这两个基本的量子特性，从而进一步激发研究人员对这一量子计算模式的研究热情。

4. 整体控制量子计算模式

在真实的物理系统中，作为量子比特的小粒子们常常相互间挨得非常近，区分和单独操控每一个小粒子有时会非常困难。这个情形就像在舞台上用聚光灯照射主角，如果其他演员与主角站得很近，那么聚光灯就只能把他们都照射在内，而无法区分开。

劳埃德(S. Lloyd)提出了使用整体控制的方式来实现量子计算的模式。在该模式中，不要求区分和单独操控每一个量子比特，只需要满足一定的整体区分度即可。在具体做计算的时候，会在量子比特中设立一些"控制单元"。这些控制单元会起到指示灯的作用，尽管量子操控覆盖了很多的量子比特，但只有在控制单元旁边的那些量子比特才会被真正地操控。这个过程就像在主角旁边放置一个指示牌，牌上写"这是主角，别看错了"。

例如，在右图中，X 和 Y 是两个携带了量子信息的量子比特，1 是控制单元。为了对 Y 进行单量子比特操作，需要完成如下步骤：

(1) 通过相邻量子比特互换状态的两类整体控制操作，把 Y 和 1 逐步移到相邻位置(从第一行到第三行)。

(2) 施加整体的两量子比特控制操作(从第三行到第四行)。由于大多数控制量子比特的状态是 0，所以与它相邻的量子比特(如 X)并没有改变状态，只有控制单元 1 旁边的 Y 量子比特的状态会改变为 T=U·Y。

(3) 通过步骤(1)中的互换状态整体控制操作，把 X、T(即完成单量子比特逻辑门之后的 Y)、1 移回其初始的位置(从第四行到第六行)，整个操作完成。

整体控制的量子计算模式类似于经典计算中的元胞自动机，科学家证明了它能够实现普适量子逻辑门集合，因而它也能够完成任意的量子计算任务。

综上所述，每一种量子计算模式都有其各自的优点。目前还无法确定未来的量子计算机会使用哪一种模式。这需要根据具体的量子计算硬件进行判断，选择能够最大限度地降低技术难度的量子计算模式。

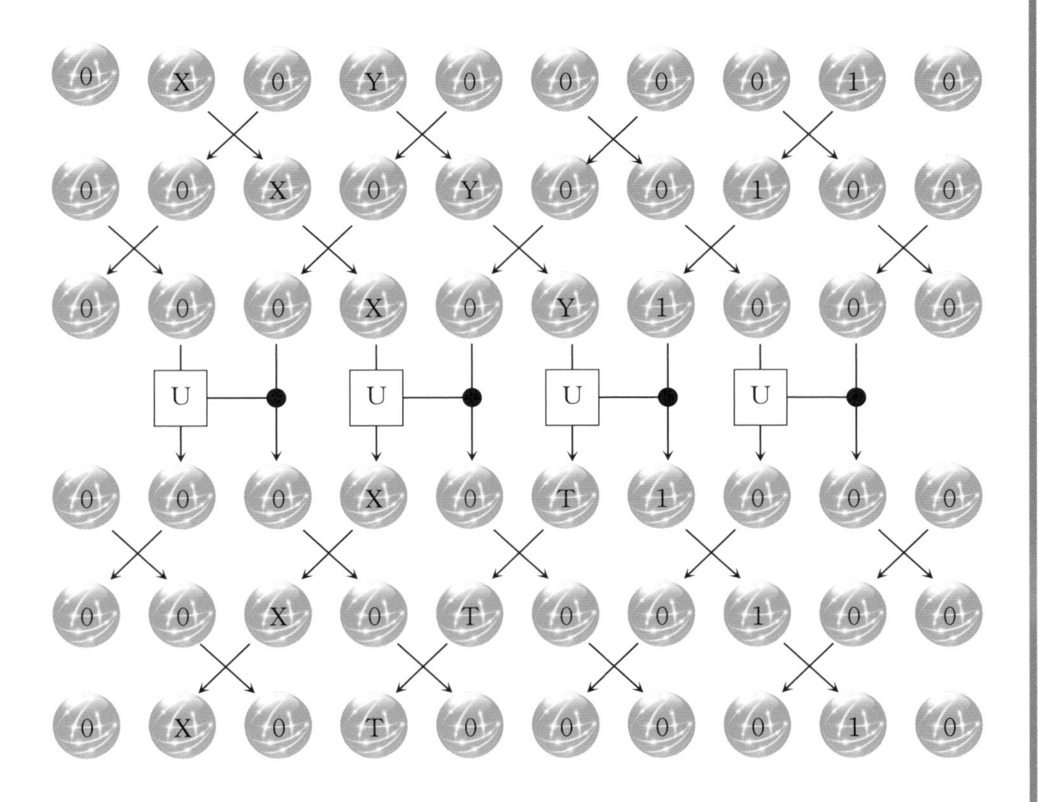

整体控制量子计算模式实现单量子比特逻辑门

第8讲 建造量子计算机

要实现量子计算，还得先建造一台量子计算机，而量子计算机最核心的部件是量子比特。这里先给大家介绍目前主流的几种量子比特的物理系统。

1. 钻石量子比特

纯净的钻石由碳原子组成，科学家通过掺入杂质的方式来制造量子比特。他们用高能氮离子束打向钻石，制造出一种被称作氮-空位的缺陷中心。这种缺陷中心具有自旋的量子特性，因此可以用作量子比特，称为钻石量子比特。钻石的高纯环境有效地降低了其他杂质的干扰，为其中的量子比特提供了得天独厚的环境，钻石量子比特即使在室温下也能很好地保持

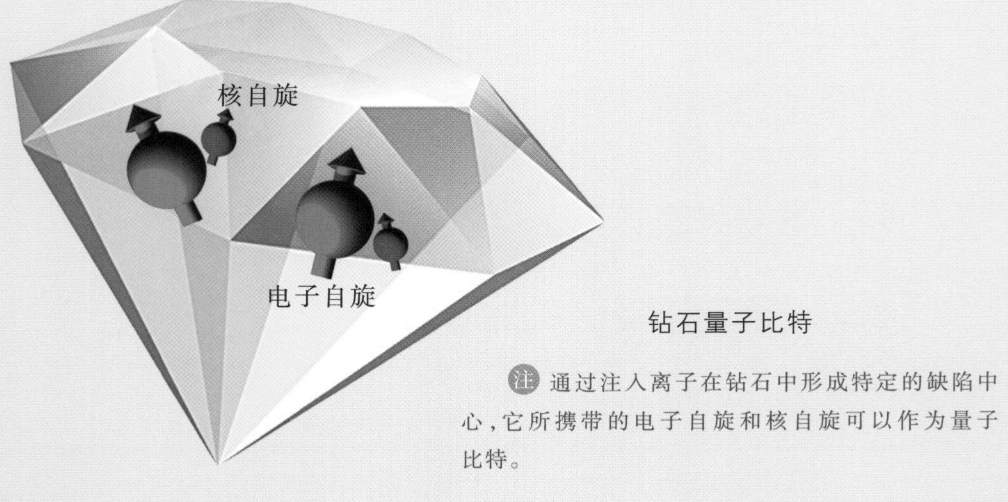

钻石量子比特

注 通过注入离子在钻石中形成特定的缺陷中心，它所携带的电子自旋和核自旋可以作为量子比特。

其量子相干的特性。这是科学家青睐用钻石建造量子计算机的最重要原因。

钻石量子比特可以通过激光、微波和射频脉冲来对它的量子态进行制备、控制和读出。科学家已经能够以很高的精度去控制钻石量子比特，并完成了多种重要的量子算法和量子模拟实验，且在1～4个量子比特的尺度上验证了它实现量子计算的可行性。

值得一提的是，钻石量子比特不仅适合于量子计算，由于它对磁场的高度灵敏，还可以把它当作非常灵敏的传感器，去探测纳米尺度上极其微小的磁场信号。例如，杜江峰院士团队用它靠近蛋白质分子，测到了来自单个蛋白质分子的磁信号，并由此了解了蛋白质分子的运动信息。他们还把钻石传感器放到单个细胞中，去探测肝癌细胞中的含铁蛋白质。这一领域的研究属于量子精密测量，科学家预测它有可能比量子计算更早地实现实际应用。

大家一定有个疑虑，用钻石造的量子计算机一定非常昂贵吧！其实不用担心，这里用的钻石只有纳米级或微米级大小，并且还可以使用人工钻石，所以成本并不高。

用于操控钻石量子比特的实验平台
（杜江峰院士团队提供图片）

2. 离子阱量子比特

离子阱即离子陷阱，是一种利用电场或磁场将离子（带电原子或分子）俘获和囚禁在一定范围内的装置。类似于我们在地上挖个坑，放入其中的小鸡就被禁锢起来，不能到处跑。科学家把离子囚禁住，然后就可以对单个离子的量子特性进行研究和利用。

被囚禁的离子与外界隔离，因此具有稳定和单纯的特性。离子阱早在20世纪50年代末就被应用于改进光谱测量的精确度，以提升时间和频率

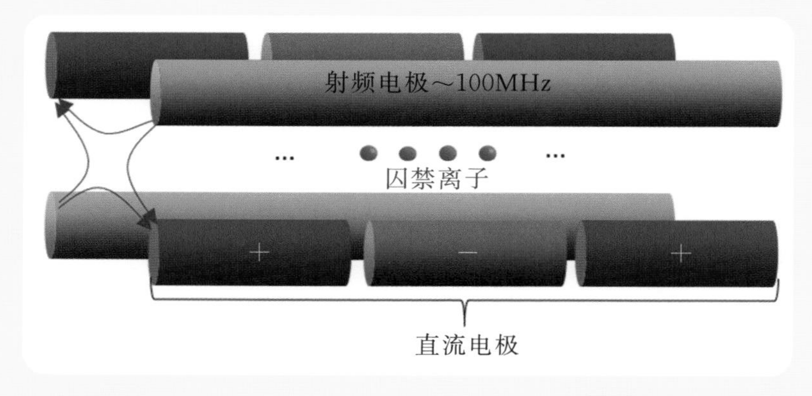

离子阱量子比特
（中国科学院微观磁共振重点实验室林毅恒教授提供图片）

注 通过电场和磁场可以把单个的离子囚禁起来，将其作为量子比特。

的精度标准。同理，离子阱中的离子用作量子比特时，它的量子相干时间会很长，达到了千秒量级，是目前量子相干时间最长的量子比特。

就像高温下的水会沸腾一样，一定温度下的离子也会四处乱窜，不容易禁锢，所以离子阱量子比特需要在低温环境下工作。科学家将经过超冷处理的离子囚禁起来用作量子比特，使用微波和激光对它的量子状态进行操控和读出。

早先用于囚禁离子的结构是笼状的，这种立体笼子很难相互连接。最

近，美国国家标准与技术局的科学家发明了平面结构的离子阱，使得将更多的离子阱量子比特集成到一起变得更容易。据公开的文献报道，科学家已经能够实现20个离子阱量子比特的全操控。

3. 超导量子比特

超导是指当温度降低到一定值时，一些材料会出现零电阻和完全抗磁性的现象。这一特殊现象已经在日常生活中有了很多应用。例如，超导磁悬浮列车就是利用处于超导状态的磁体，使列车悬浮在轨道之上，从而减小

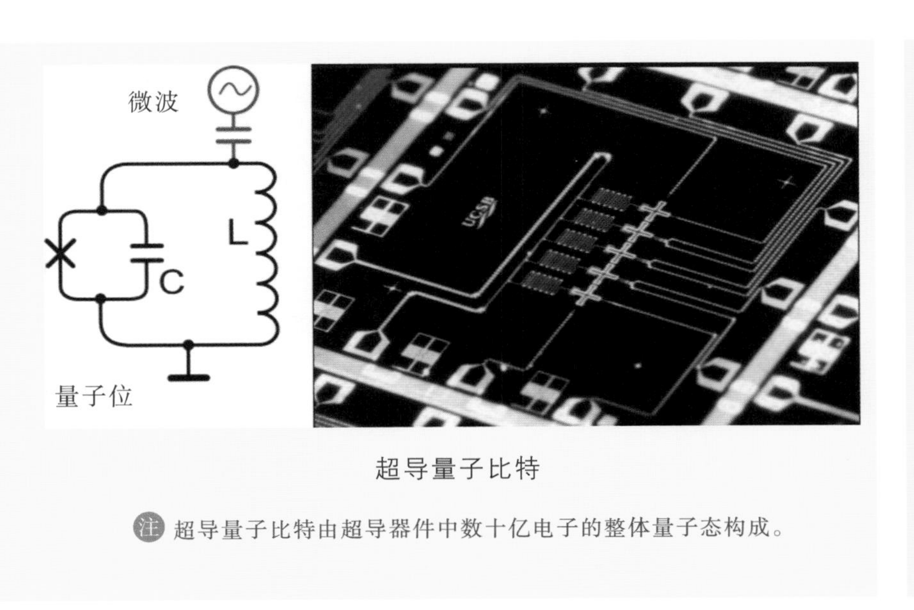

超导量子比特

注 超导量子比特由超导器件中数十亿电子的整体量子态构成。

摩擦阻力，获得超高的行驶速度。

通过对微观机制的研究，科学家发现形成超导的原因是，材料中数十亿个电子在低温下每两个一组（称为库珀对）凝聚到能量基态上。进一步的研究发现，处在超导状态下的这数十亿个库珀对电子，会整体表现出量子的特性。例如，量子的分离能级、量子相干性、量子叠加态等。因此，科学家通过设计特定结构的超导器件，将这些整体的量子特性加以利用，形成可操控的量子比特，也就是超导量子比特。常规的超导量子比特有三种：超导位相量

子比特、超导磁通量子比特、超导电荷量子比特,它们通过不同的物理机制形成了整体量子特性。可以用微波等手段对这些超导量子比特的量子态进行操控。

超导量子比特与钻石量子比特、离子阱量子比特最大的不同在于,它不是由单个或少数几个微观粒子形成的,而是由宏观器件中的数十亿个电子形成的整体量子效应。它的宏观特点使它的设计和加工较为方便,且易于向很多个量子比特的规模进行集成,但是它必须在低温环境下才能工作。

2019年,潘建伟院士团队实现了12个超导量子比特的纠缠。4个月后,来自浙江大学和中国科学院物理所、自动化所等单位的学者又将这一成绩推进到20个超导量子比特的纠缠,再次刷新了世界纪录。

4. 量子计算机的建造指南

尽管有这么多正在研究中的量子比特系统,但是科学家仍不能确定最终的量子计算机会用什么系统来建造,因为目前的各种系统都不能满足建造量子计算机的所有基本要求。美国物理学家大卫·迪文森佐提出了著名的迪文森佐判据,它被科学家当作是量子计算机的建造指南,可以用它来评判一个物理系统是否具备建造量子计算机的资格。下面我们来逐条介绍这七条判据。

判据一:该物理系统能够构建量子比特,且数目可以扩展

这一判据的意思是指这个物理系统应具有量子特性,能够用作量子比特。如钻石、离子阱、超导系统中的自旋、电荷等都具有量子特性,它们就可以用作量子比特。此外,判据还要求量子比特的数目可以扩展,就是说这个系统不能只有1个、2个或10个量子比特,要能够构建出成百上千个量子比特,并且量子比特之间还要能够互动,如互相纠缠。这一数量上的要求,目前所有研究中的量子比特系统都还没有实现。科学家正在想办法,力争构建出成百上千个钻石量子比特、离子阱量子比特、超导量子比特……

建造指南一：有足够多的量子比特

判据二：能够将量子比特制备到一个简单的初始化量子态

初始化量子态类似于我们在使用计算器前先清零，使用算盘前先把算珠拨到起始位置。我们必须把量子比特的状态先初始化一下，才能让它做好量子计算的准备。例如，使用特定波长的激光照射钻石量子比特，可以让它回到能量最低的量子态上，人们把这个量子态作为初始的状态。目前各种主流量子比特系统都具备了初始化的能力。

建造指南二：能将量子比特重置为简单的初始态

判据三：能够实现普适量子逻辑门集合

量子逻辑门的概念源自经典计算机的线路模型，即任何一个量子计算任务都可以被分解为一系列最基本的量子逻辑门操作。如使用格罗弗算法实现数据搜索就是一个量子计算任务。在实现格罗弗算法时，科学家将它的整个流程分解为一系列的单量子比特、两量子比特的量子逻辑门，使其能够在物理系统上具体实现。这些最基本的量子逻辑门统称为普适量子逻辑门集合。能够实现普适量子逻辑门集合就意味着能够完成任意的量子计算任务。目前各种主流量子比特系统都已经实现了普适量子逻辑门集合。

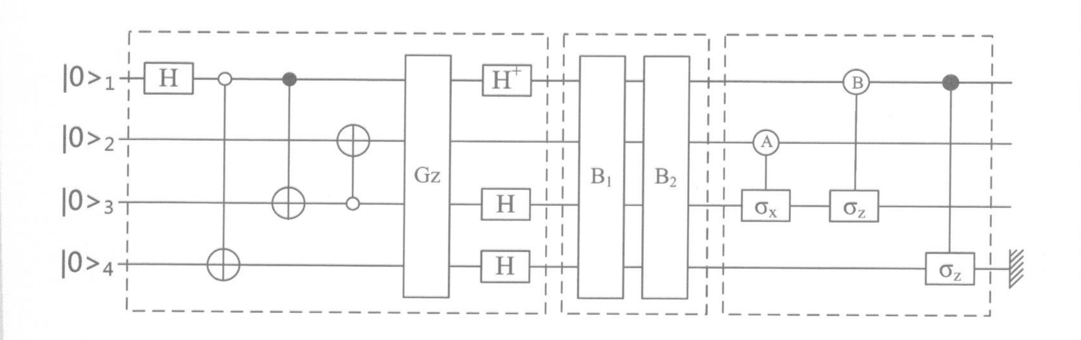

建造指南三：能实现普适量子逻辑门集合

注 图中示例为实现DJ量子算法的量子线路图，从左往右表示4个量子比特要经历的各种量子逻辑门操控。其中包含了操控单个量子比特的单比特量子逻辑门和同时操控两个及多个量子比特的多比特量子逻辑门。

判据四：能在较长时间内保持量子相干性，量子相干的存在时间远大于量子逻辑门的操作时间

量子相干性是量子叠加态、量子纠缠存在的基础，推而广之，它也是量子计算存在的基础。如果一个量子比特是孤立存在的，那么理论上它可以永远保持量子相干性。但在真实的物理系统中，量子比特总是会受到周围环境的影响。例如，周围的各种杂质会与量子比特发生作用，量子比特的量子相干性就会慢慢地消失(称为量子退相干)。此时,量子叠加态、量子纠缠都不存在了,退化成经典的概率叠加态。打个比方,量子比特就像一个新鲜的蛋糕,随着时间流逝会慢慢地变质,最后就没法吃了。

如果把完成量子计算任务比作通过一座大桥,那么量子相干时间就相当于在桥下放置的炸弹的起爆倒计时。如果这一时间太短,那么人还未通过桥就炸毁了。也就是量子计算任务失败了。

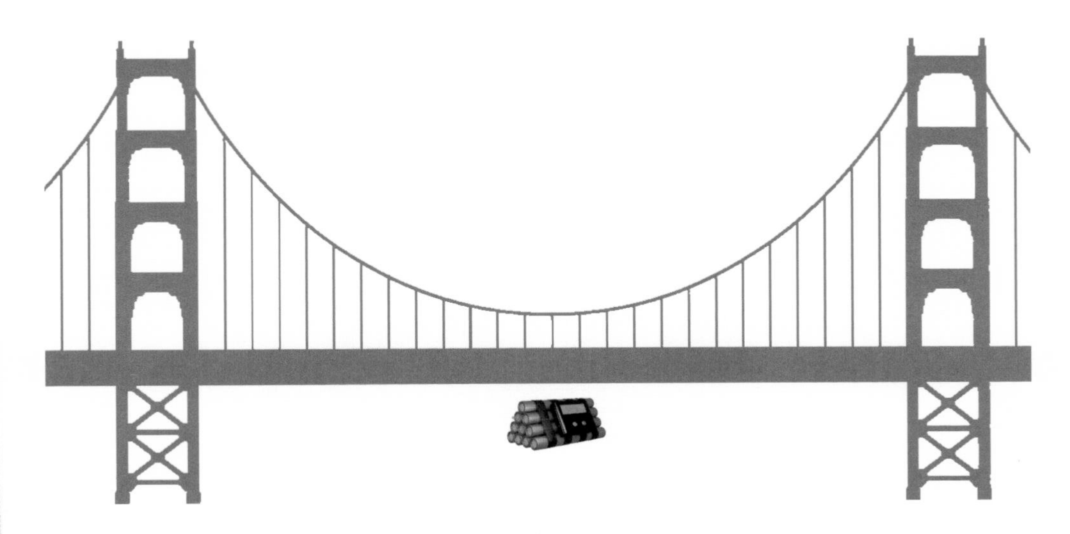

建造指南四:要有足够长的量子相干时间

我们当然希望量子比特不要“变质”,为此科学家也想了许多办法来延长它的“保鲜时间”,如动力学解耦技术、量子无消相干子空间等。但是,在真实系统中无法实现量子相干性一点都不流失,合理的目标是在量子计算任务或任务中的某个阶段完成之前它不要流失就可以了。因此,判据的后半句补充说明量子相干的存在时间远大于量子逻辑门的操作时间即可。一般来说,量子相干时间是量子逻辑门操作时间的一百万倍就差不多了,即在量子比特“变质”之前能完成一百万次的量子逻辑门操作。这样的话,科学家就可以通过量子纠错算法来纠正由量子相干性流失而引起的错误,从而保证量子计算可以一直进行下去,以得到正确的结果。

对于现在的物理系统来说，保持量子相干性是一个相当大的挑战。科学家正在孜孜以求地延长各种量子比特的量子相干时间，同时缩短它的量子逻辑门操作时间。通常来讲，温度越低，量子相干保持的时间越长，这跟把蛋糕放进冰箱可以延缓它变质近似。当然，代价就是你得用制冷机来制造低温环境，如此量子计算机的造价就会增加，体积也会变得很庞大。

像钻石量子比特这种在室温下就有比较长量子相干时间的物理系统是极为难能可贵的。科学家对于这种能够在室温下进行量子计算的系统寄予了厚望。我们梦想着将来能拥有量子笔记本电脑、量子平板电脑，但它们要是需要配备个“冰箱”才能使用那可就“悲剧”了。

判据五：能够实现对单个量子比特的测量

为了读出量子计算的结果，必须能够对量子比特进行测量。目前各种主流量子比特系统都实现了单个量子比特的测量。

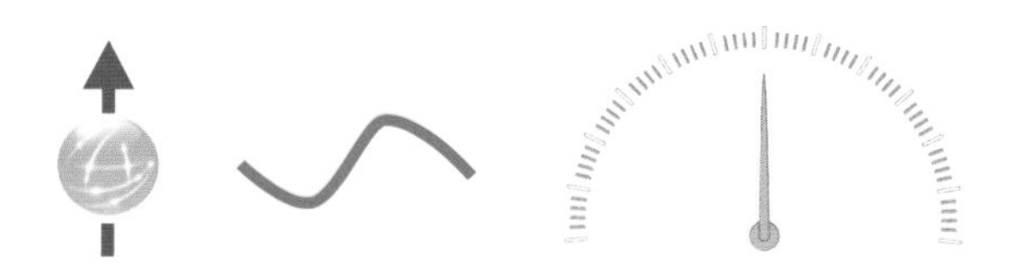

建造指南五：能够实现量子比特的测量

判据六：能实现本地量子比特和飞行量子比特间的转化

这条判据和第七条判据都是源自构建量子因特网的要求。有了因特网，一台台独立的计算机被连接起来，成为了有机的整体，实现了资源互通、信息共享。计算机与因特网的强强联手，改变了人类世界，给每个人带来了便利。所以，科学家也梦想着建立能够将量子计算机连接起来的量子因特网。与现行的因特网不同，量子因特网得通过飞行量子比特（如光子）来传输量子信息,也就是量子通信。

还记得“墨子”号量子卫星吗?它就是用来做量子通信的。要将本地量子计算机中的信息传输出去,就要把本地量子比特的信息转换给飞行量子比特;要接受量子因特网传过来的信息,就要将飞行量子比特的信息转换给本地量子比特。简单地说,就是要有量子网络接口,把量子计算机和量子因特网连接上。这方面的研究正在进行中,目前主流的量子比特系统都具备了与光子互相转换信息的能力。

建造指南六:要有量子网络接口

判据七:能够在两地间传播飞行量子比特

这条判据说的就是量子通信。目前,科学家不仅实现了同一城市内和不同城市间的量子通信,还通过“墨子”号卫星实现了跨越大洲(亚洲中国—欧洲奥地利)的洲际量子通信。这是中国人的骄傲,也是全人类的骄傲。

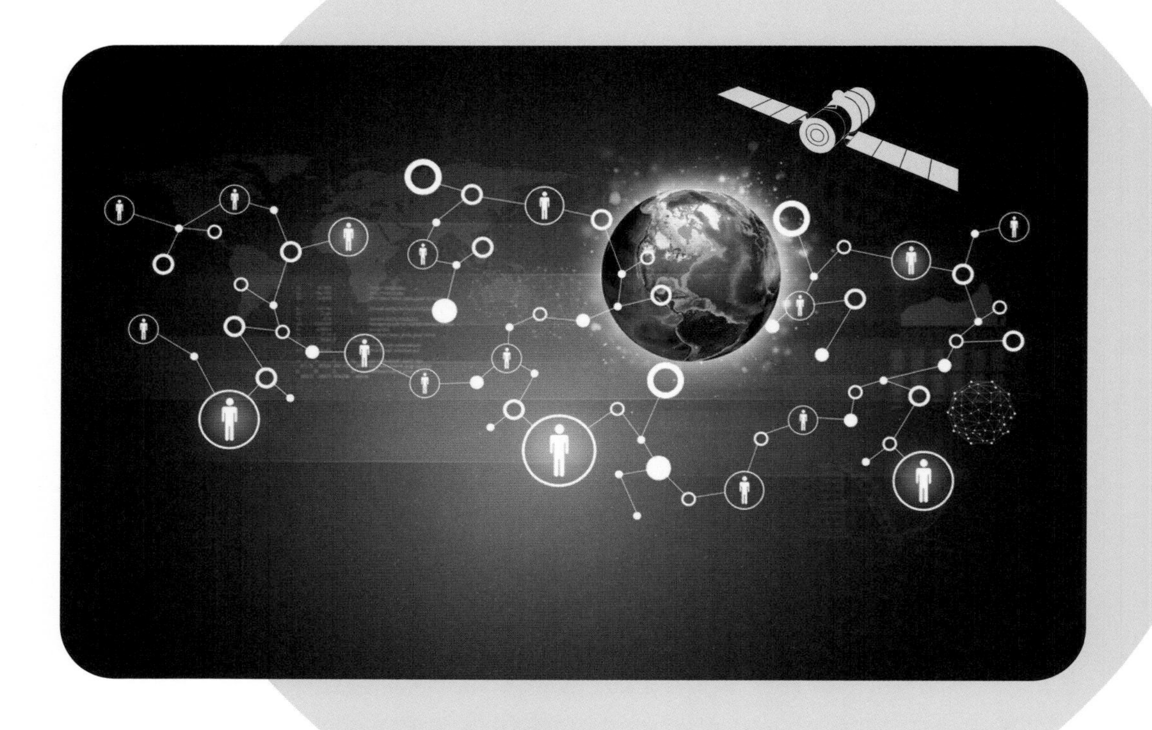

建造指南七：能够实现量子通信

5. 挑战与机遇

对照这七条判据，目前还没有一个物理系统能够完全满足建造一台量子计算机的要求。科学家也说不出量子计算机究竟会用什么系统来建造、会建成什么样子。全世界的相关科学家都在各自熟悉的物理系统上努力地进行着研究。目前的主要难题是如何保持量子比特的量子相干性（判据四）和怎样把量子比特扩展到成百上千个甚至上万个（判据一）。一旦攻克了这些难题，人类就能建造出具有空前计算能力的量子计算机。

亲爱的读者，挑战与机遇并存，也许量子计算机就将在你的手中诞生，你愿意接受这一艰巨而光荣的使命吗？

第9讲　畅想量子时代

随着微观世界的物理规律被不断揭示和利用，人类终将进入量子时代，量子计算机无疑会成为这一时代最鲜明的标志物。

有了量子计算机，人们可以轻松地搜索庞大的数据库，让信息检索更为方便快捷；有了量子计算机，人们可以轻松地模拟宇宙的演化，探究广袤的宇宙从何处来、往何处去；有了量子计算机，人工智能将更加聪明，成为人们生产生活的贴心助手；有了量子计算机，人们可以轻松地解决气象预报、石油勘探、药物设计中的大规模计算难题，让气象预报更加准确，让能源得以更充分地开发和利用，让疾病在新型药物面前溃不成军……

也许大家会问，量子计算机会取代经典计算机吗？我想可能不会完全取代。以计算机和计算器的使用为例，现在的计算机可以做各种运算，但是计算器依然广泛存在，因为它便携、廉价，在特定场合下使用更方便。同理，经典计算机在收发邮件、浏览网页、运行小游戏等方面也很不错，在这些简单任务的处理上可能是一个更为方便的选择。只有在解决大型计算难题上，量子计算机才是舍我其谁的不二选择。

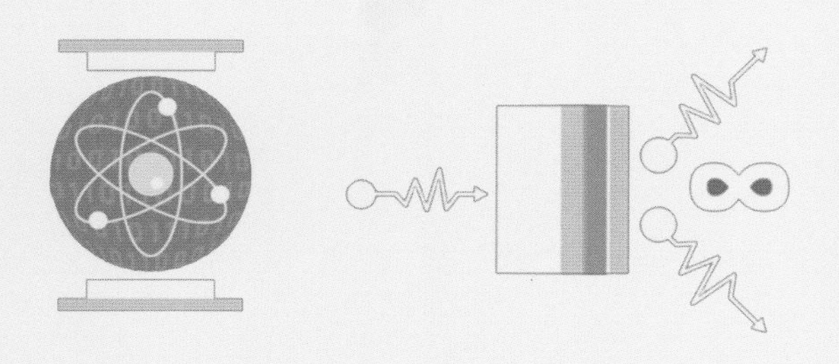
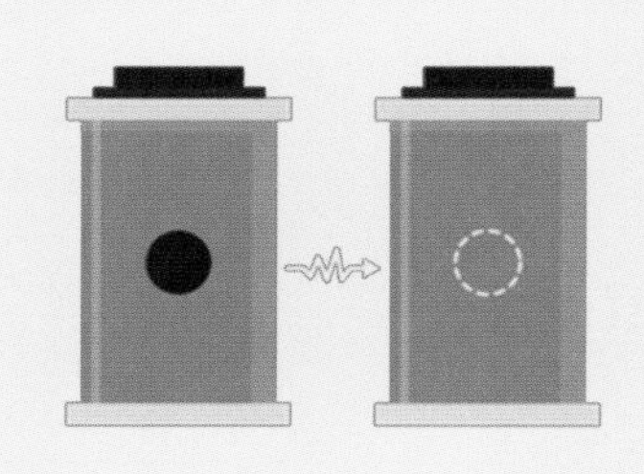
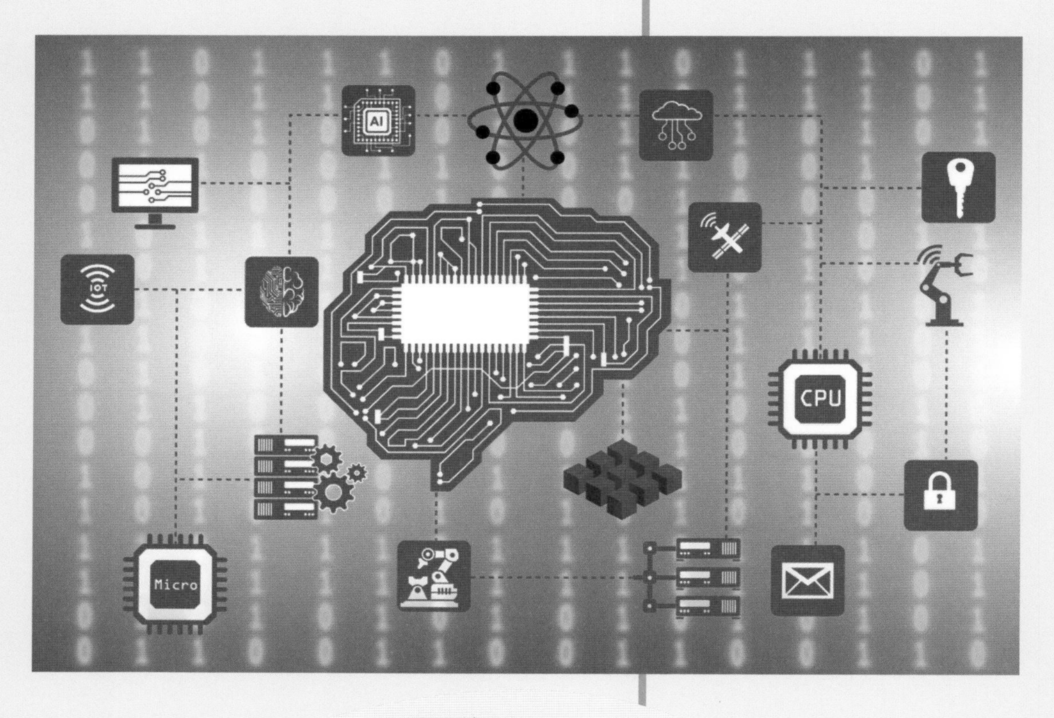

量子计算机的广泛用途

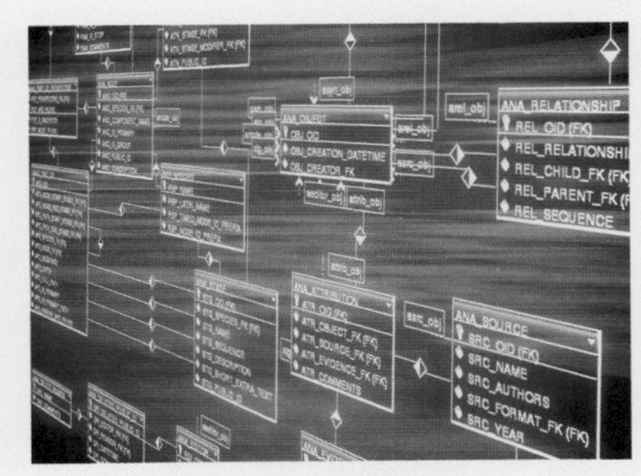

量子搜索

量子模拟

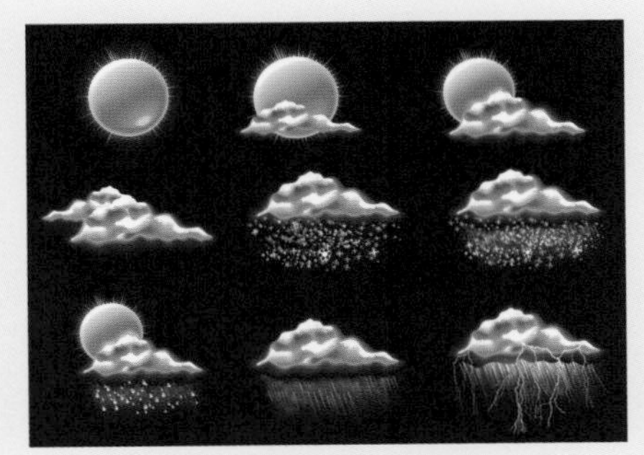

量子计算辅助气象预报

量子计算辅助石油勘探

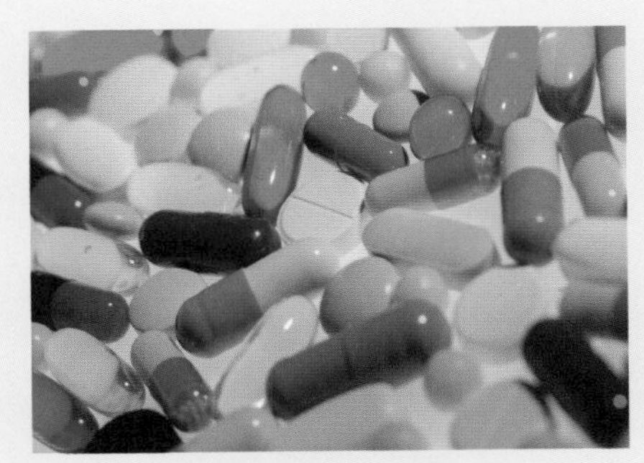

量子计算辅助药物设计

量子人工智能

量子计算机可以完成经典计算机能完成的各种任务，因为量子比特不在量子叠加态的时候，与经典比特是一样的。因此，量子计算机可以在量子模式和经典模式之间切换，在不利用任何量子特性的时候，它就与经典计算机无异。

量子计算机还要多久才能制造出来？这个问题要一分为二地回答。如果是指针对某一问题做专门研究的专用量子计算机（量子模拟机），也许三五年就行。如果是指大家一直期待的功能强大、能够处理各种任务的通用量子计算机，那么还有一段漫长的研制之路要走。

科学探索永无止境！量子规律未必就是自然界的终极奥秘，量子技术也一定不是人类科学技术发展的巅峰！量子时代之后会是什么时代？无人知晓！但是我坚信，包括量子计算机在内的各种量子技术，一定会成为人类深入探索自然奥秘、攀登下一个科学高峰的利器。量子技术潜力无穷，人类对科学真理的追求永不止步！

追求永不止步